卷首语

经过了四年漫长的期盼，我们终于将奥运会的圣火在神秘的东方燃起。从奥林匹亚到万里长城，从浪漫的雅典到神奇的北京，全世界的目光都聚集在了这里。在梦想与欢呼声中，2008年北京奥运会与残奥会已与我们依依惜别，然而人们对奥运相关场馆建筑的关注热情却丝毫未褪。如果说"鸟巢"、"水立方"是奥运会运动员拼搏进取的竞技场，那么奥运村则是为运动员及代表团官员提供后勤保障的生活区。本期《住区》以"奥运村"的规划与建设为切入点，力求涵盖绿色、科技与人文等方面内容，分别介绍了奥运村赛时及赛后的规划设计及使用情况，从一个侧面报道此次盛会不易为人所知的内容。

"绿色奥运、科技奥运、人文奥运"，是2008北京奥运会的主题，而本期《住区》开辟大量篇幅为读者呈现的旅游地产项目——深圳东部华侨城，以旅游区域的景观、生态、文脉等为开发契机，为尊重、维护环境所做的努力，也正与奥运会的宗旨不谋而合。

"读万卷书，行万里路"，可见中国人的传统生活中早有"旅游"的一席之地，古圣贤更是将其作为陶冶情操的一种方式。如今更多人开始寻求日常工作和生活以外的休闲空间，旅游无疑是最好的选择，从而愈发成为大众视野里的宠儿，偏移固有的生活轨迹，"逃逸"他乡别处，体会异样人生。旅游地产正好契合了人们梦寐以求的向往，孵化着一个又一个真实的梦境。深圳东部华侨城作为国内首屈一指的旅游地产项目，将房地产业和旅游业这两个新世纪的朝阳产业完美地结合并奇迹般地产生了市场轰动效应。《住区》选取了深圳东部华侨城生态旅游景区的主要景点，深入细致地介绍了其从前期规划开发策划，到后期建设运营管理所做的创新及尝试，希望带给读者一定的启示与思考。

其实，无论是见证百年梦圆的奥运建筑，抑或遵循天人合一的旅游地产项目，都在功能与价值多元的今日，昭示着同样的追求。一直以来，我们都在试图为造物附加更多的意义，这些披覆浪漫外衣的朴素感情，成为一个时代的缩影，定义了流行与风尚，而且还将不断地衍生下去——这是属于建筑的梦想，它源于每个人心中真实的感受，自然会让我们拥有更多的期待，更多的收获！

图书在版编目（CIP）数据

住区.2008年.第5期/《住区》编委会编.
—北京：中国建筑工业出版社，2008
ISBN 978-7-112-10357-7
I.住... II.住... III.住宅-建筑设计-世界
IV.TU241

中国版本图书馆CIP数据核字（2008）第 149457 号

开本：965×1270毫米1/16 印张：7/2
2008年10月第一版 2008年10月第一次印刷
定价：36.00元
ISBN 978-7-112-10357-7
(17160)

中国建筑工业出版社出版、发行（北京西郊百万庄）
各地建筑书店、新华书店经销

利丰雅高印刷（深圳）有限公司制版
利丰雅高印刷（深圳）有限公司印刷
本社网址：http://www.cabp.com.cn
网上书店：http://www.china-building.com.cn
版权所有 翻印必究
如有印装质量问题，可寄本社退换
（邮政编码 100037）

目录

特别策划 — Special Topic

05p. 公园里的临时村落 — 商宏 / Shang Hong
——2008年北京奥运村北部公共区规划与设计
Temporary Village in Park
Northern Public Area in Beijing Olympic Village

12p. 2008年北京奥运村赛后利用 — 刘 京 贺奇轩 刘 安 / Liu Jing, He Qixuan and Liu An
——国奥村的72个设计点
Post-Game Utilization of Beijing Olympic Village
72 Design Points in the Olympic Village

主题报道 — Theme Report

30p. 基于生态可持续视角下的旅游区开发设计 — 乔晓燕 / Qiao Xiaoyan
——以深圳东部华侨城生态旅游景区为例
Touring District Design basing on the viewpoint of continuable ecology
For example: OCT East ecology touring district

36p. 深圳东部华侨城茵特拉根小镇规划 — 曾 辉 / Zeng Hui
The Plan of Interlaken Town in Eastern Shenzhen OCT Area

50p. 深圳东部华侨城茵特拉根小镇建筑设计 — 曾 辉 / Zeng Hui
Architectural Design of Interlaken Town in Eastern Shenzhen OCT Area

64p. 生态理念、大地艺术与旅游产品的创新结合 — 乔晓燕 张黎东 / Qiao Xiaoyan and Zhang lidong
——深圳东部华侨城湿地花园设计理念解析
An innovative combination of eco-tourism and the art of the mother earth
Report of The Wetland garden in OCT EAST

72p. 深圳东部华侨城天麓 — 深圳东部华侨城有限公司 / SHENZHEN OCT EAST CO.,LTD.
Tian Lu Project in Eastern Shenzhen OCT Area

海外视野 — Overseas viewpoint

90p. 斯洛文尼亚的社会住宅 — 范肃宁 / Fan Suning
Social Housing In Slovenia

92p. 斯洛文尼亚的政府津贴住宅设计 — 玛嘉·瓦德坚 / Maja Vardjan
——代表两个不同发展方向的斯洛文尼亚青年建筑师
Subsidized Housing Design in Slovenia
Two Directions of Development of Young Architects in Slovenia

住区
COMMUNITY DESIGN

CONTENTS

94p. 波列社会住宅
Polje Social Housing

96p. 伊左拉社会住宅
Izola Social Housing

98p. 泰瑞斯(俄罗斯方块)公寓
Tetris Apartments

100p. 购物中心屋顶公寓
Shopping Roof Apartments

102p. 扎维斯达公寓
Apartment House Zvezda

104p. L住宅
Housing L

居住百象　　　　　　　　　　　　　　　　　　　Variety of Living

106p. 国内外工业化住宅的发展历程(之一)　　　　　　　　　　楚先锋
The Path of Industrialized Housing (1)　　　　　　*Chu Xianfeng*

本土设计　　　　　　　　　　　　　　　　　　　Local Design

112p. 从需求出发的景观设计　　　　　　　　　　　　　　　　刘岳
　　　——包头保利香槟花园景观设计浅析　　　　　　　　　*Liu Yue*
Landscape Design Based on Demands
Landscape Design of Champagne Garden by Poly Group in Baotou City

住宅研究　　　　　　　　　　　　　　　　　　　Housing Research

118p. 高空坠物与建筑设计　　　　　　　　　　　　　马伟国 黄宗辉
Falling Articles and Housing Design　　　*Ma Weiguo and Huang Zonghui*

封面: 深圳东部华侨城实景(摄影:陈勇)

联合主编: 中国建筑工业出版社
　　　　　清华大学建筑设计研究院
　　　　　深圳市建筑设计研究总院有限公司
编委会顾问: 宋春华 谢家瑾 聂梅生
　　　　　　顾云昌
编委会主任: 赵 晨
编委会副主任: 孟建民 张惠珍
编委: (按姓氏笔画为序)
　　　万 钧 王朝晖 李永阳
　　　李 敏 伍 江 刘东卫
　　　刘晓钟 刘燕辉 张 杰
　　　张华纲 张 翼 季元振
　　　陈一峰 陈燕萍 金笠铭
　　　赵文凯 胡绍学 曹涵芬
　　　董 卫 薛 峰 魏宏扬
名誉主编: 胡绍学
主编: 庄惟敏
副主编: 张 翼 叶 青 薛 峰
执行主编: 戴 静
责任编辑: 王 潇 丁 夏
特约编辑: 胡明俊
美术编辑: 付俊玲
摄影编辑: 陈 勇
学术策划人: 饶小军
专栏主持人: 周燕珉 卫翠芷 楚先锋
　　　　　　范肃宁 库 恩 何建清
　　　　　　贺承军 方晓风 周静敏
海外编辑: 柳 敏 (美国)
　　　　　张亚津 (德国)
　　　　　何 崴 (德国)
　　　　　孙菁芬 (德国)
　　　　　叶晓健 (日本)
理事单位: 上海柏涛建筑设计咨询有限公司
建筑设计咨询: 澳大利亚柏涛(墨尔本)建筑设计有限公司中国合作机构
理事成员: 何永屹

中国建筑设计研究院

北京源树景观规划设计事务所
R-Land
北京源树景观规划设计事务所
理事成员: 胡海波

澳大利亚道克诊计咨询有限公司
DECO
澳大利亞道克設計咨詢有限公司
DECO-LAND DESIGNING CONSULTANTS (AUSTRALIA)

北京擅亿景观城市建筑景观设计事务所
SYJ
Beijing SYJ Architecture Landscape Design Atelier
www.shanyijing.com Email:bjsyj2007@126.com
理事成员: 刘 岳

特别策划
Special Topic

奥运村规划与设计
Planning and Design of Olympic Village

  1924年巴黎奥运会，主办方第一次将参赛运动员集中安置在一起，奥运村正式出现在奥运会的设施中。从此以后每届奥运会都延续了这样的服务，奥运村也逐渐发展成为各国运动员、官员居住和赛场外交流友谊的乐园。而奥运村的建设和服务标准，也成为衡量该届奥运会组织工作的重要因素。

  因此，我们有理由更多地关注2008年北京的奥运村项目，其重要性不啻于曝光率远超自身的其他主要体育场馆的规划建设。一定程度上，它左右着我们精心打造的世界盛会的精彩程度，也展示着我们的国家风范与民族气度。

公园里的临时村落
——2008年北京奥运村北部公共区规划与设计

Temporary Village in Park
Northern Public Area in Beijing Olympic Village

商宏 Shang Hong

一、项目背景

1. 奥运村和奥运村公共区

1924年巴黎奥运会，主办方第一次将参赛运动员集中安置住在一起，奥运村正式出现在奥运会的设施中。从此以后的每届奥运会都延续了这样的服务，奥运村也逐渐发展成为历届奥运会各国运动员、官员居住和赛场外交流友谊的乐园，而奥运村的建设和服务标准，也成为衡量该届奥运会组织工作的重要因素。

奥运村从功能上一般分为两大部分：运动员村和公共区。

运动员村是运动员和官员的居住场所，这部分在赛时被重点关注和使用，因此往往被理解为通常意义上的奥运村。其使用者主要是参赛各国代表团的运动员、官员和随行人员。建设中的北京"国奥村"即是指这部分。

公共区顾名思义，是指居住区的配套服务区，主要在赛时为运动员和官员提供餐饮、娱乐、休闲、健身以及各类商业、邮政、宗教、交通、物流等服务，同时也为运动员的注册、抵离、接受采访及会客提供场所，其使用者包括运动员、官员，即奥运村"居民"，也包括部分没有居住在奥运村的访客、媒体和奥林匹克大家庭成员代表。如果说运动员村是一个居住区的话，公共区则是为居住区集中提供服务的公共设施（图1~3）。

1. 2008年北京奥运村北部全貌鸟瞰图
2. 2004年雅典奥运村实景
3. 2004年雅典奥运村平面

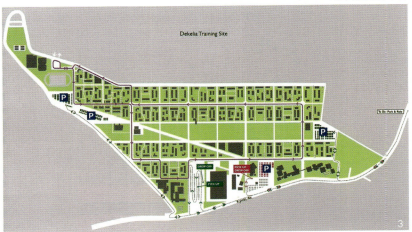

2. 与奥林匹克公园的关系

北京奥运村公共区位于主要比赛场馆区的西北角，北眺奥运会网球中心、射箭场和曲棍球场，东北侧为奥林匹克森林公园，南邻奥运村运动员村，西侧为白庙村路，东侧为北辰西路。

地形高差最大处52.70m，最低42.76m，总体坡度趋于平坦。现状历史文物有龙王庙一座、古井一口、古碑文8座。西北角及东北角分别有一片杨树林及柳树林，北侧及东侧可分别借景奥运森林公园景观（图4~7）。

从整个奥林匹克公园的规划中可以看出，奥运村的位置设置是比较合理的。奥运村东侧的北辰西路一直向南延伸至主要场馆区（国家游泳中心、国家体育馆、击剑馆和主新闻中心），向北延伸至国家网球中心、射箭场和曲棍球场，赛时将封闭管理提供给非观众流线（运动员、贵宾、媒体、物流、工作人员等），这样一条路将奥运村和比赛主会场很便捷地联系起来，且不会受到其他人流的干扰，也不会影响城市主要道路交通。

3. 与运动员村的关系

北京奥运村按其功能分为南北两个区：南区运动员村和北区公共区。南北两区被中间的市政道路科荟路分隔，赛时该路将封闭管理，成为运动员村和公共区之间的内部步行道路。

公共区占地约34.15hm²，沿续运动员村中间的道路熏皮厂路的关系，在该路段北侧的尽头设置了一个和平广场，以此也将公共区从布局空间上分为东西两部分，与运动员村形成呼应（图8）。

二、功能分区

公共区按其功能分为运行区、国际区和居住配套区（图9）。

4. 2008年北京奥运村场地现状照片
5. 2008年北京奥运村场地现状照片
6. 2008年北京奥运村场地现状照片
7. 2008年北京奥运村场地地形分析图
8. 2008年北京奥运村规划平面
9. 2008年北京奥运村北部公共区总平面

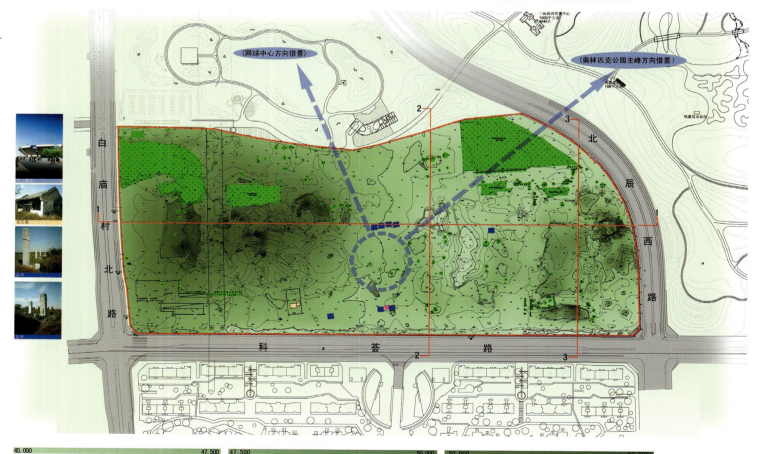

1. 运行区

包括欢迎中心和物流综合区。

欢迎中心位于公共区的最西面，作为运动员进入奥运村的第一站，其作用类似酒店大堂，为运动员和随队官员提供接待、注册、房间分配等服务。使用者主要为运动员、官员和工作人员(图10)。

10. 欢迎中心平面

物流综合区位于东北侧，靠近北辰西路和主餐厅设置。作为后勤基地，它为整个奥运村的运行提供物流运输、装卸、仓储、垃圾转运和管理服务，其中还包括部分物流、餐饮赞助商的专用仓库和办公场所。物流综合区的交通设计充分考虑货物进出和装卸空间，并保证流线顺畅(图11)。

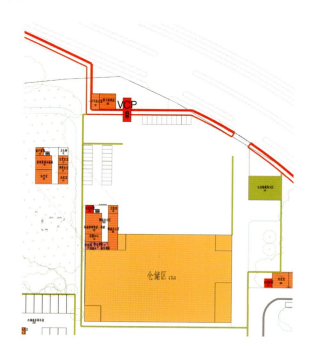

11. 物流综合区平面

2. 国际区(图12)

位于欢迎中心东侧，按其使用功能分为三部分：

为运动员官员提供娱乐、购物、邮政快递、银行、博物馆等综合服务，并为各国代表团举行欢迎仪式的场所。包括升旗广场、购物中心、风味餐厅、数字展示区等。

为媒体、新闻人员、其他访客进行采访和新闻工作提供场所，运动员、官员在此与媒体和访客会见(其功能类似比赛场馆的采访混合区)。包括媒体中心、转播办公室、访客中心等，并为访客和媒体设置了停车场。

为奥运村办公人员提供主要工作场所。主要设施为村长楼(图13)。

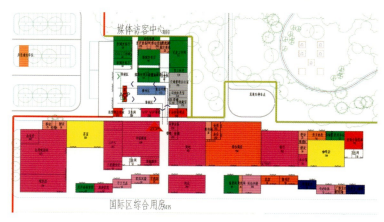

12. 国际区平面

3. 居住配套区

紧靠和平广场的东西两侧，赛时提供训练、休闲、娱乐、餐饮服务，使用者主要为入住奥运村的运动员和官员。其主要设施包括健身中心、25m×50m室外泳池、室外健身篮球网球场、长距离慢跑道一条、主餐厅及厨房、图书馆及宗教中心等。另外在公共区的最东侧，设置了对外交通巴士车站，为运动员和官员提供外出穿梭巴士服务(图14～16)。

三、景观设计

公共区的景观设计延续了运动员村的景观轴线，在场地中间用一个和平广场形成景观主体并与运动员村取得呼应。

充分突出"生态绿色公园"的主题，除了建筑单体和停车场占地，尽量用绿色植被来覆盖，绿地面积约19hm²。对场地现有绿化植被予以保护，并加以乡土树种和乔灌木为主的植被布置，突出夏秋植物，保证四季景观均好。

场地现存清雍正帝外祖乌雅氏家族墓碑和清抚远大将军图海墓碑，在景观设计中再次进行周边环境整理，以草坪和参观小径围绕，创造开放式的文物参观路线。

尺度宜人的小路联系起室外运动场地和泳池、健身房等设施，考虑到残疾人运动员，整个场地的交通道路部分不设台阶，以坡道联系不同高差。

升旗广场以"圆"的主题代表平等、团结和友谊。180根旗杆呈扇形分五组围绕刻有奥运五环标志的广场布置，对面的圆形台阶围合成一个小型广场，各国代表团在此举行升旗仪式并接受媒体转播报道，奥运期间还可作为入住运动员和官员的交流广场举办欢庆活动(图17～18)。

13.村长院（摄影 王韬）
14.宗教中心（摄影 王韬）
15.汽车站（摄影 王韬）
16.慢跑道（摄影 王韬）

17.和平广场（摄影：王韬）
18.升旗广场（摄影：王韬）

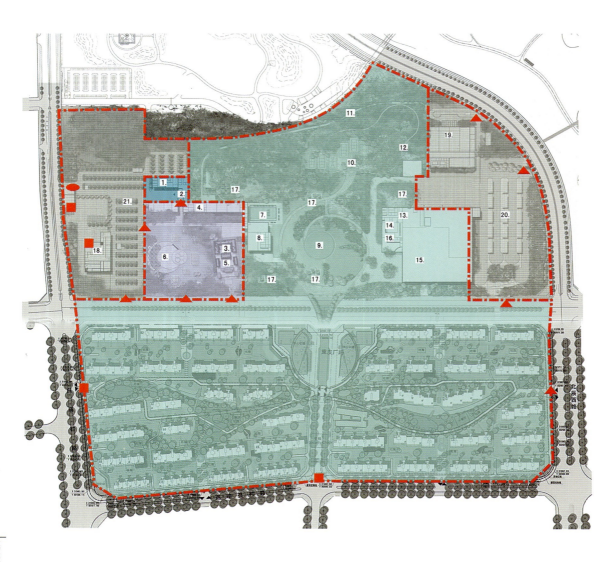

━·━	安保线
●	车检点
■	人检点
▲	验证点
■	主入口

1. 媒体中心
2. 注册中心

■ 国际区

3. 奥运村管理办公室
4. 购物中心
5. 龙王庙
6. 升旗广场

■ 居住区

7. 游泳池
8. 健身房
9. 露天剧场
10. 室外训练场
11. 货运路
12. 慢跑跑道
13. 宗教中心
14. 图书馆
15. 主餐厅
16. 奥运村俱乐部
17. 历史文化古迹

■ 运行区

18. 欢迎中心
19. 物流转运区
20. 运动员班车站
21. 访客停车场

19. 安保运行图
20. 国际区商业文化设施（摄影：王韬）
21. 国际区主餐厅（摄影：王韬）

22.国际区商业文化设施(摄影：王韬)

四、"建筑单体"设计

根据历届奥运会的经验，对于仅供赛时使用的用房，尽量采用临时设施来满足赛时需求，以免不必要的浪费，其主要思路是最大限度考虑场地现有条件和赛后使用规划。

除村长楼外，公共区里绝大部分设施采用临时板房或帐篷搭建，并充分考虑夏季帐篷的通风和室内制冷，为使用者提供舒适、实用的内部环境。

场址中现存始建于明代弘治十四年(1501年)的洼里"龙王庙"，该庙与北京众多龙王庙有所不同，是求晴不祈雨的收水龙王庙。在公共区设计中将其稍作布置，改为赛时村长楼，红墙灰瓦的建筑成为公共区内最引人注目的主体，赛后它将作为历史文化和奥运遗产永久保留。

公共区在赛后将成为大众公园，因此，这是一个在公园里建起来的临时村落，纯白色的帐篷隐藏在绿色的树木之间，远望去，构成一幅宁静的景象(图20~22)。

五、赛时运行设计

1. 交通运行

赛时的科荟路封闭成为奥运村内部道路，运动员和官员可在居住区和公共区内通过电瓶车来往其中；需要外出比赛或参观活动的运动员和官员可在东侧的巴士车站乘坐巴士进出奥运村；物流车辆沿北辰西路进出。所有机动车均遵循人车分流，右侧单向行驶，右侧下车的原则。

2. 安保运行

赛时，运动员村和公共区处于统一安保控制区之内，进入奥运村的运动员和官员可以在居住区和公共区内活动；媒体和访客仅可进入国际区进行访问活动，无特殊证件不得进入运行区、居住配套区以及运动员村。

接送运动员的穿梭巴士进出需要验证，运动员无需下车接受安检；物流车辆需要安检验证；而访客车辆分车辆安保等级，拥有免检车牌的访客车辆可直接进入，而其他访客车辆则需通过人、车分别安检方可进入(图19)。

3. 残奥运行

在奥运会结束后，经过一个短暂的转换期，奥运村将转换成残奥村。除了保证通道的无障碍设计之外，部分功能用房需要进行转变，如部分临时帐篷空间改为残奥会轮椅及假肢修理中心、竞赛轮椅存放区等。

六、设计感悟

这不是一个常规意义的建筑设计工作。由于奥运经验不足，同时历届奥运的标准都在发生变化，其对功能空间和布局的要求也始终处于变化之中，这给设计和建设工作带来很大困难。如何充分理解各方正常需求并在现有条件设施下协调各方利益，保证项目处于可控状态并始终向前推进，是设计团队面临的最大挑战。

临时设施的图纸经过了多次的修改，设计要求也在多次修改中才能逐渐确定。

奥运村在8月迎来了举世瞩目的盛会，无论是业主、组委会，还是设计团队、供应商、施工人员，他们曾经和仍在为此付出的辛勤工作，值得所有人的尊敬。

*合作设计单位：沈翼建筑师事务所，中国风景园林规划研究中心
*文章图片除标注摄影者外，其他图片均由作者提供

作者单位：中建国际(深圳)设计顾问有限公司

2008年北京奥运村赛后利用
——国奥村的72个设计点

Post-Game Utilization of Beijing Olympic Village
72 Design Points in the Olympic Village

刘 京 贺奇轩 刘 安 Liu Jing, He Qixuan and Liu An

用 地 面 积：27.55hm²
建 筑 物 47 栋：住宅42栋（9层20栋；6层22栋）
　　　　　　　配套公建2栋；幼儿园1栋；会所2栋
总 建 筑 面 积：53.5万m²
地上建筑面积：40.9万m²（住宅38.0万m²；配套2.9万m²）
地下建筑面积：12.6万m²
容 积 率：1.5
绿 地 率：40.2%
总 建 筑 密 度：21.20%
赛后居住户(套)数：1884户
赛后居住人数：5275人
机 动 车 停 车 位：3050

1.2008年北京国奥村鸟瞰图

第29届奥林匹克运动会刚刚在北京落下帷幕,国际奥委会主席罗格盛赞北京奥运会是一届真正的"无与伦比"的奥运会。北京奥运村作为奥运建筑中的重要部分,是向世界展示我国住宅建设水平的窗口。北京奥运村于7月27日正式开村,在运行的一个月时间中赢得了各国运动员及政要的肯定与喜爱,赢得了世人真诚的赞扬。奥运村成为运动员安全、舒适、温馨的家园,成为全世界文化交流、融合的"地球村"。正像罗格所说的那样,北京奥运村不仅是中国人民的,也是世界人民的(图1)。

《奥运村奥运工程设计大纲》明确要求:奥运村是奥运会、残奥会期间世界各国运动员及随队官员驻地,也是各代表团团部及代表团团长会议所在地。奥运村在赛时要满足各国运动员的居住、生活、训练、休闲和娱乐的需要,同时还要满足赛后未来居民生活的需要,并在规划设计、建筑技术、环境保护、人文景观和可持续发展理念上成为未来小区设计可供借鉴的典范。

北京奥运村赛时规划总用地66.58hm²,其中运动员公寓区(永久建筑部分)规划占地为27.55hm²,建筑面积53万m²,是由42栋住宅楼、地下车库及5栋配套公建组成的住宅建筑群。

赛后,奥运村运动员公寓区更名为国奥村,将成为一个有着辉煌记忆的高档住宅区。

以下,笔者通过国奥村的72个设计点,来阐明设计师在设计过程中对绿色建筑、历史文脉、人性化设计等一系列问题的思考。

选址与规划篇

1. 地理位置好

北京市规划部门使奥运村选址毗邻主体育场馆用地,在赛时给运动员出行提供了方便。赛后,临近城市中心的奥运村成为商品住宅区,周边配套设施完备,交通便利,北临方圆600多亩的国家森林公园,拥有良好的空气环境,其地理位置得天独厚(图2)。

2. 绿化面积大

越来越多的居民更注重环境,宜人的环境给生活增色不少。在北京,普通新建小区的绿地率是30%,而国奥村的绿地率高达40%。除此之外,在国奥村还有阳台立体绿化及屋顶绿化,"处处见绿",像生活在花园中一般。

3. 所有住宅为板式结构,南北通透,充分利用自然采光与通风

从设计伊始引入绿色建筑的科学分析方法,建立风环境模拟体系,指导、调整规划布局,根据北京地区的气候条件与自然条件,定位住宅的朝向与格局,为创建节能住宅区奠定了良好的实施基础(图3)。

4. 人车分流

许多老人抱怨说,最怕走在路上忽然有车在身后按喇叭,吓得心脏病都要犯了;许多家长说最怕小孩子在外面玩,被车撞了;许多住户说最怕深夜行车的噪声。解决以上问题最好的方法就是人车分流,车在地下走,人在地上行,最大限度地利用地面来做绿化、花园,而开车的人在地下车库停车后,可直接通过电梯入户,并不需要多走路,而且下车后都在室内,避免了恶劣天气带给人的不舒适感。当然,如果在风和日丽的时候想饱览一下小区的美景,也可以通过下沉广场来到小区绿地中。

2. 2008年北京奥林匹克公园总体规划

3. 2008年北京国奥村总平面图

环境篇

5. 室外中心景观带

国奥村的中心景观带呈"一带两廊"格局,"一带"为贯穿东西区的中心绿化带,通过绿化与水系将两个区连接起来;"两廊"为贯穿南北的文化轴线,与北区森林公园呼应。景观设计强调植物的配比,做到四季有景,沿园道而行,可步移景异(图4)。

6. (组团)绿化

国奥村分为A、B、C、D四个区,与水景相结合,在总体景观风格一致的基础上体现不同的个性与识别性,依据分区方位体现中国特色的自然景观。

A区居于整个区域的西南部,着重体现我国西南部景观风情,小品采用木本色的廊架及具有少数民族风格的图腾柱;B区居于整个区域的西北部,着重体现我国西北部景观设计的厚重感;C区居于整个区域的东南部,着重体现我国东南部小桥流水的江南景观风情;D区居于整个区域的东北部,着重体现我国东北部白山黑水的粗犷景观风格(图5)。

7. 水景设计

中国人造园必有水景,有水则活。在国奥村,水系贯穿东西两大地块,水景冬夏不同,有缓有急,有窄有宽,步移景异。为节约水资源,区内水系的补水采用小区景观花房净化的小区中水(图6~7)。

8. 首层私家院落

每栋楼南向设首层私家花园,平均进深4m,开间同户型宽。花园的设置使私密空间与外部空间有了阻隔,避免了干扰,同时为首层住户提供室外活动场所。花园的设计有几类,为住户提供了不同的选择:一类为水景,设计为木塑板铺地的堤岸与水池;一类为田园式,设计为绿地及原石铺地;一类为花园式,注重植物的种植(图8)。

9. 首层下沉小院

下沉小院(包括可采光的地下一层空间)代表一种生活方式,它增加了空间的层次感和功能。普通意义上的住宅会提供住户卧室、起居室、厕所、厨房、餐厅等基本功能空间,但如何将家庭生活丰富起来,还需要更丰富的功能空间。分析中国家庭的室内设计可以发现:装修是围绕电视机进行的,因为中国大部分家庭的消遣方式是看电视。谁都知道长时间看电视的弊病,但如何去引导更好的、更健康的生活方式呢?设想一下:如果你有一个花园要去打理,有一个健身房、一个台球室、一个工具间,你还会去看电视吗?你一定会与家人一起健身、打球,与孩子做手工吧。

在国奥村中部的几栋楼,设下沉小院,与地下一层平接,保证了地下一层的采光。下沉小院及地下一层归首层用户使用,他们可通过室内楼梯进入地下一层,其设置了健身房、家庭活动室、工具间等用房。下沉小院铺设木塑条板地面,附设水池与植物花池,营造一种宁静安逸的环境氛围。(图9)

4. 2008年北京国奥村景观规划图

5. 2008年北京国奥村住宅实景
6. 2008年北京国奥村水景设计
7. 2008年北京国奥村水景设计（摄影：王韬）
8. 2008年北京国奥村首层入户小院
9. 2008年北京国奥村住宅首层下沉小院剖面图

赛时剖面（六层三居）

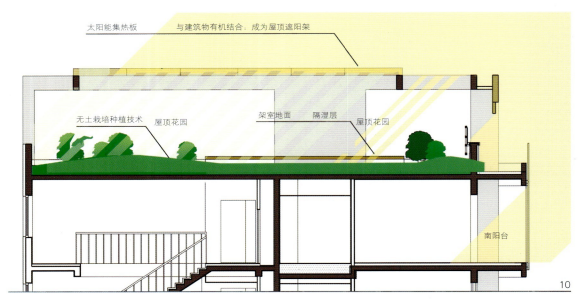

10. 2008年北京国奥村屋顶庭院剖面图
11. 2008年北京国奥村屋顶庭院
12. 2008年北京国奥村住宅外立面立体绿化

10.屋顶庭院

国奥村每栋住宅都设计了屋顶庭院，实现了绿化全覆盖。为减少用水量及植物的后期养护，种植采用无土栽培技术，植物的配置做到四季有景：春观绿、夏观花、秋观果、冬赏枝条。为提供住户多层次要求，屋顶庭院设计有相对私密的空间、开敞的空间及草坪、铺砌、花池。屋顶绿化设计同时考虑太阳能集热板的铺装，利用其作为屋顶的遮阳棚，既利于屋顶的人员活动，又降低了太阳光对屋顶层的辐射，起到节能的功效（图10～11）。

11.立体绿化

通过一步式阳台实现立体绿化，无论居住在几层都可以在室内感受室外绿化。阳台上放置统一整齐的花池，由物业定季发放统一植物。其实现还要依靠每一个业主的配合与参与（图12）。

12.下沉广场

连接地下停车库的下沉广场不仅为地下车库带来了自然的采光与通风，还体现了不同的中国文化：茶文化、陶文化、竹文化与书法文化等。既是弘扬中国文化的窗口，又是一个个具有实用功能的休闲空间：居民可以不出小区，在茶室喝茶，在画廊赏画。一个高品质小区需要这种点滴中的文化氛围的营造，用一种潜移默化的影响来引导居民的健康生活方式（图13）。

13.园林中的塑胶慢跑道

了解体育的人都知道：中国运动员的运动寿命并不长，主要原因是伤病，而伤病主要集中在跟腱的损伤。有调查分析表明：运动场地过硬是跟腱损伤的罪魁祸首。在国奥村，慢跑道使用了塑胶这种软质材料。试想：沐浴着晨光在静静的园林中踩着软软的跑道，沿着清亮的水系慢跑，是多么惬意的事啊（图14）。

14.景观花房

景观花房对于很多人来说是陌生的，它是通过高科技手段——生物水处理技术，组成植物及微生物的食物链来处理生活污水，达到中水利用的目的。国奥村中心景观带中间有一个景观花房，但同时它又是座温室花房，即使在寒冷的冬季，依然有绿叶及鲜花，是冬季赏景的好去处（图15）。

13. 2008年北京国奥村下沉广场
14. 2008年北京国奥村慢跑道
15. 2008年北京国奥村景观花房

户型设计篇

15. 建筑朝向

在北京，住宅朝向很重要，南北通透是最利于自然通风及采光的，也是节能住宅的设计基础。国奥村户型定位为一梯两户的板式结构，主要居住空间朝南，最小的2居户型也至少保证起居室与主卧室朝南，在大户型中，更是起居室与双主卧室都在南向（图16）。

16. 房间开间合理

国奥村的住宅长宽比是经过科学分析的，既反映节能要求，又考虑舒适度：整体进深控制在15m左右，起居室开间大于4.2m，主卧室大于3.9m，次卧室大于3.3m。

17. "我的住房可以变"（大开间剪力墙，给住宅提供个性化改造空间）

曾经听了这样一个故事：一位主妇每隔几天就会不辞辛劳地调整一次家具的摆放位置，以增加生活的新意。据统计，人们每隔不到10年就会重新装修一次自己的家。

其不仅源于人们追求变化的心理。一座房子的寿命是50年，如果你一直住在里面，这50年你的家庭人口、生活需求会有多少变化呢？以一个家庭为例：一开始是夫妻2人；不久有了孩子，需要更多的卧室，可能同时增加的还有父母及保姆的房间；孩子成人后离开了家，又回归到了2个人。人口结构的变化，使住房需求不断变化。一个好的住宅要以不变应万变，所以国奥村的住宅采用了大开间剪力墙结构，也就是说：在住宅中尽量减少不可动的剪力墙数量，其他的墙可以随意改。

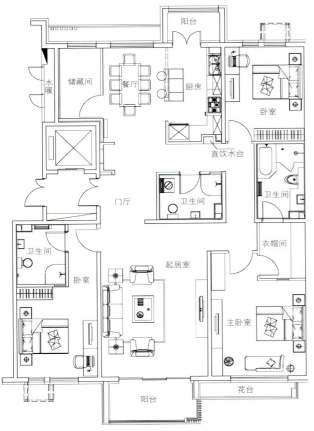

3(7)单元标准层平面布置图（赛后）

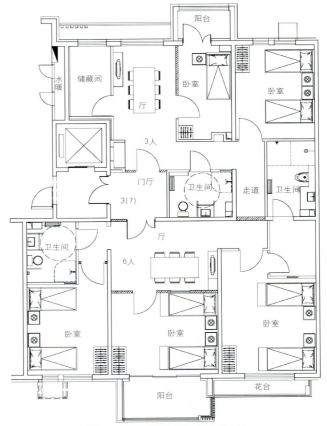

3(7)单元标准层平面布置图（赛时）

16. 2008年北京国奥村住宅赛时、赛后平面图

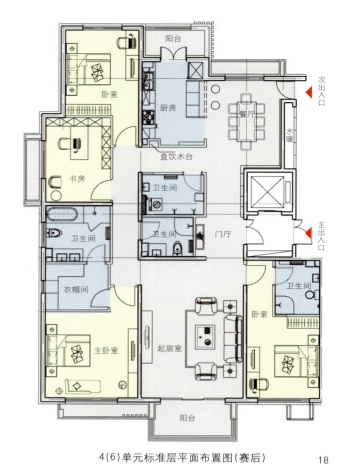

4(6)单元标准层平面布置图(赛后)

17.2008年北京国奥村住宅回廊式布局
18.2008年北京国奥村住宅赛后平面图
19.2008年北京国奥村住宅双主卧户型图

18.大户型的回廊式布局

20世纪的住宅还是经济型住宅的天下,设计最注重的就是如何扩大卧室、厨房等功能空间的面积,尽量降低走道空间面积。而21世纪的今天,随着商品房的发展与人民生活水平的提高,人们购房越来越注重生活品质与空间的丰富。在国奥村推出的回廊式大户型住宅有两大好处:一是使动静、公私分区更明确,提高了住宅的品位。高档住宅追求空间的私密性,回廊提供了这种可能:客厅里有客人,家人完全可以从回廊的另一边进入卧室区,家人生活不会因外人的到来而受影响。二是增加了空间的趣味性:回廊串起各个功能房间,在装修上回廊被设计成为一个家庭收藏的展示空间(如画廊等),以展示主人高雅的生活品位(图17)。

回廊设计理念是符合中国人对传统宅院的理解的,中国人更重视住宅的私密性,更在意内外有别,所以称豪宅为"深宅大院"。但回廊的设计只能出现在大户型,因为其是相对奢侈、强调舒适度的设计,是在功能空间足够大的前提下设计的。

19.两代居户型

有些购房者不选择首层,是认为首层有些不利之处:采光没有上层充分,容易受到外界噪声及视线的干扰。针对以上问题,设计中是有条件化解的。在国奥村,首先保证合理的楼间距;其次保证上部建筑不外挑过大,避免遮挡,确保充足的采光;再次在住宅与宅间小路间作绿化分隔,有效地阻挡了外部的干扰。

首层住宅具有其他楼层不可比拟的好处是:离地面近,适合一些特定人群的居住,如老年人、婴幼儿、残疾人;贴近自然,拥有室外花园。国奥村中设计了结合首层住宅特点的两代居住宅——首、二层跃层设计,首层依据老人的行为规律进行无障碍设计,二层为二代年轻人居住,起居室中有楼梯相连,空间可分可合。

20.主人、雇工各行其道

很多主妇宁可自己受累也不愿请保姆,主要原因是家里有外人不方便,其实这个问题也很好解决,就是界定好主人与雇工的活动范围,做到互不干扰。雇工有其工作和活动范围,在工作之前就可约定好,雇工不进主人卧室及会客区(相对私密区)。

这并没有高低贵贱的区分,反倒是对对方的尊重,各自拥有相对私密的空间。在国奥村的大户型中采用了双户门的设计,主人门在电梯的一侧;雇工门在楼梯的一侧,直通厨房,空间相对独立(图18)。

21.双主卧

许多大户型中拥有双主卧,即有两个带卫生间的卧室,这反映了一种生活品质:人人拥有独立的空间(图19)。

22.主卧室内的步入式衣帽间

衣帽间反映了一种生活方式。现在，人们的衣服已不是一两个大衣柜能容纳的了，特别是女士们。人们需要足够的空间，才可以合理地搭配组合（图20）。

23.看得见风景的餐厅

所有户型有独立的进餐空间（餐厅），除2居外，其他所有餐厅有独立外窗，并拥有良好景观。在现代住宅中，餐厅不光是进餐空间，也是家庭内部交流的空间，好的景观更会提升这种功能（图21）。

24.看得见风景的浴室

在高档住区中，卫生间已不再是仅仅解决一些基本需要的房间，而被赋予了更高层次的需求。人们在卫生间里停留的时间长了，卫生间成了休闲放松的场所。在国奥村里，部分户型拥有南向阳光卫生间：浴缸贴近外窗，外窗采用中空百叶节能窗，可通过调整玻璃中间的百叶角度避免对面住宅的视线干扰，调节百叶叶片朝下，可以欣赏楼下的美景；调节百叶叶片朝上，可以看看蓝天。可以泡在浴缸中，沐浴着阳光看书、看电视、喝茶……这是一个给人带来舒适生活的阳光浴室（图22）。

25.卫生间设计个性化

每个人会有不同的生活方式，卫生间作为私密空间，是最可体现个性与舒适感的场所。国奥村中的卫生间至少一侧墙设计成非剪力墙，可用不同材料和做法（如玻璃、壁龛等）来表达个性。

26.多层次阳台

在北方地区，人们习惯于封闭阳台，但这样一来，阳台便失去了它特有的功能：居民想呼吸室外新鲜空气，只能到楼外去了。在国奥村，每个住宅都拥有多形式的阳台，除了为满足北方气候条件的要求而设的南向封闭式阳台，还有南向开敞式阳台、一步式观景阳台、北向服务阳台、花台等，让居民更贴近自然。

27.阳光室

阳光对北方地区尤为重要，如何最大限度地将阳光引入室内，真正感受它是住宅设计要解决的重要问题。普通住宅的南向封闭式阳台进深一般只有1.2m，这种尺度很难安排活动。在分析了居民的基本行为需要后，奥运村将南向阳台进深扩大到了1.8m，这样可以摆放一个小圆桌及四把藤条椅，成为家庭聚会、休闲读书的阳光室。阳光室在起居室的外面，增加了家庭起居的空间层次感。

20.2008年北京国奥村住宅主卧室内的步入式衣帽间
21.2008年北京国奥村住宅餐厅
22.2008年北京国奥村住宅浴室

23.2008年北京国奥村住宅从立面看晒衣空间、室外储藏空间的布置（摄影：王韬）

24.2008年北京国奥村住宅室内陈设
25.2008年北京国奥村住宅卫生间设计

28. 晒衣空间

中国人习惯将洗好的衣服晒在阳光下，这不同于其他国家烘干衣物的方式。人们将阳光下花花绿绿的衣服称为"万国旗"。如何解决"万国旗"对于城市景观的影响，满足现有的生活需求及生活方式，同时解决和降低此种生活方式对于建筑景观、城市风貌的影响。在奥运村，每户的南向阳台都留出室外部分，外敷木塑条板。栏杆式的木塑条板可以有效地遮挡视线，同时衣物也接受到了阳光（图23）。

29. 室外储藏空间

考虑到住户的一些物品，如部分食品需要存放于室外保存，将北向厨房阳台的一部分设计为开放式阳台，外设木塑百叶，形成一个室外储藏空间（图23）。

30. 厨房与餐厅可分可合

厨房的设计借鉴了西方的理念，在西方，厨房的功能扩大了，肩负了很多家庭室的功能，家庭主妇在做饭时没有影响与家人的交流，这是一个很人性化的设计。在奥运村，将厨房临餐厅的一侧设计成推拉门，很容易改成开敞式厨房，与餐厅融为一体。

31. 落地窗，更多阳光

因为喜欢观景，喜欢更多阳光，所以选择落地窗。但大窗户不利于节能，所以奥运村选择了断桥铝合金框镀膜低辐射LOW-E中空玻璃充氩气的高品质、节能落地窗。其遵循一个原则：节能，但不损失舒适性。

32. 现代中式风格精装修

本着节俭办奥运的原则，尽量减少赛时赛后的拆改量，国奥村内部装修结合赛时赛后功能一次到位。赛后经过简单改造，即为销售精装修房，为业主省掉了许多时间，也不会因为邻居无休止的装修而影响生活质量（图24~25）。

公共空间设计

33. 细节的人性化设计

细节最可以体现人文关怀，比如栏杆的设计中，扶手的手感要有温暖感，所以选用导热性低的环保材料——木塑；扶手的形状与大小经深化研究，选择50mm直径圆杆最满足大多数人的手感舒适度；在栏杆的开始点、转折点、结束点的扶手处有小凹槽，提示人们梯段的变化；转角处栏杆进行磨角处理（软性材料），防止儿童的磕碰。

34. 电梯多，方便出行

为了赛时运动员出行方便和乘梯的舒适性，6层住宅每个单元设一部电梯，9层住宅达到每个单元设两部电梯，即一（电）梯一户。为充分利用空间，赛后，9层住宅电梯入户的方式给住户提供了外门厅，提高了住宅的品质。

35. 垃圾收集

26.垃圾粉碎机

普通的板式住宅在楼内是不设垃圾间的，要求住户将垃圾直接带到室外。这种方式不太人性化，而且很多住户不能及时将垃圾带走，经常放置于门外，在出门时才带走，对公共环境影响很大。我们在国奥村作了一些尝试：将垃圾分为两类，一类是食物垃圾，在厨房下水处设置垃圾粉碎机，可以将此类易于变质发味的垃圾及时排走；其他垃圾在每层的楼梯休息平台一侧放置统一的做工精良的垃圾分类收集箱，物业会及时给予清理，投放垃圾不用再到室外，公共空间环境也得到了保障（图26）。

环保节能篇

36. 舒适的节能住宅

全面提升住宅外维护结构的保温性能，加厚外墙外保温厚度：东、西、北向外墙保温层厚度由标准的50mm增至80mm，传热系数达到0.38W/m²·K；屋顶保温层厚度由标准的80mm增至150mm，传热系数达到0.2W/m²·K。传热系数的降低，会大大节约采暖、空调的能耗。

37. 保温隔声楼板

为了减少户与户之间的声音、震动干扰，在国奥村每层的楼板上铺设了隔声材料。

这种材料还有一个好处，就是其保温性能较好。采暖分户计量后，邻里的温度直接影响自家的耗热量。如果楼上、楼下的住户不开采暖或空调，只有采用保温楼板，才不会对自家产生太大的影响。

38. 户型外立面完整

几年前的"非典"，很多人还记忆犹新，它是对生命的一次考验，同时也是对建筑设计的一次考验。建筑环境物理学家分析了香港陶大花园的建筑形式，得出结论：由于建筑的深槽导致通风不畅，而产生了交叉传染。

建筑界一直在反思，建筑设计关系到人民的生命与健康，这并非夸大其词，每一个建筑师应该有强烈的责任感，在推行商品经济的今天，不停地追求高容积率，不惜损失功能来美化外立面的做法是不可取的。住宅首先是功能、环保与健康，在国奥村，所有住宅外型平缓，无大的凹槽（外墙平，只有阳台凸出墙面），保证了良好的通风（图27）。

27. 2008年北京国奥村规整的外立面处理（摄影：王韬）

39. 可再生能源利用之——再生水水源热泵系统

奥运村赛时、赛后将利用清河污水处理厂的二级出水（再生水），通过"再生水源热泵系统"提取再生水中的温度，为奥运村提供冬季供暖和夏季制冷。经过污水处理的再生水，与热泵机组换热后再注入清河。再生水的温度在15~25℃之间，冬夏两季，与自然温差约10℃以上。利用再生水自身蕴含的温差与热泵机组换热，是效率最高、稳定性最好的换热源，系统能效比达3.26，可以节约电能60%。利用再生水换热，不会影响河道水质，而水中蕴含的能量却被利用。据测算，项目建成后，采暖每年可替代燃煤8000余吨，减少向大气排放一氧化碳180余吨、碳氢化合物3.6吨、氮氧化物30吨、二氧化硫135吨、粉尘80余吨。利用再生水作为热泵的冷热源，进行能量交换，不用冷却塔或分体空调的室外机，没有噪声、烟气排放的污染，夏季改善了大型建筑群室外的热环境，能够完全消除热岛效应。利用清河污水处理厂的再生水，结合热泵技术为奥运村建筑供暖、制冷。该项目将使我国在污水能源的利用上达到世界先进水平，具有示范性与标志性（图28）。

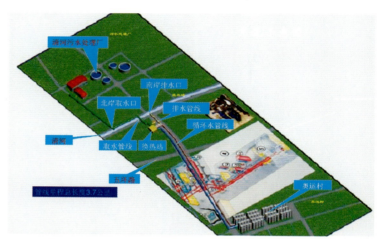

28. 2008年北京国奥村再生水水源热泵系统

40. 太阳能热水系统

奥运村的生活热水使用清洁可再生能源——太阳能，它的规模和技术先进性居世界领先水平。采用国际上先进的意大利ELCO真空直流管热水系统，美观且实用。主体部分为真空集热管，热损失非常小。集热管内的集热片可以围绕集热管中轴作一定角度的旋转，从而得到最大的日照量，保证24小时有热水。赛时运动员洗浴用水全部使用太阳能预加热，赛后满足全区居民的生活热水需求（图29）。

29. 2008年北京国奥村太阳能热水系统

41. 光伏发电

奥运村的庭院灯、路灯采用太阳能照明灯，大大减少用电量，白天把太阳能转化成化学能储存在化学电池里，夜晚照明时由化学能转化成电能用于照明（图30）。

30.2008年北京国奥村光伏发电

42.雨洪利用

水资源利用中的重要方式——雨洪利用，采用了三类方式：一是下凹式绿地，即小区内道路高于绿化，利于雨水径流引入绿地；二是铺装地面采用透水型材料，保证雨水回渗收集；三是收集地下室顶面雨水用于浇灌绿地。雨洪利用不仅可以减少自来水的用水量，还是保护生态环境的重要举措。

43.中水利用

奥运村全部生活污水进行中水处理。生活污水一部分经过设置在村内的景观花房的生物水处理技术净化后用于景观水系的补水，一部分经市政中水管网输送到区域中水处理厂，净化后用于冲厕、绿化浇灌、道路冲洗等。

44.空调冷凝水回收利用系统

由于奥运村采用的是集中的空调系统，因此每到夏天，空调冷凝水的排除将造成空调滴水噪声。为解决这些问题，每栋住宅楼设置冷凝水收集系统，集中回收，储存在蓄水池中，冲洗路面、浇洒绿地。

45.采暖系统分朝向控制，节约能源

由于冬季南向房间与北向房间日照相差很大，常常会出现南北室内温差较大的状况，特别是在白天日照充足时，此现象更为明显。为体现对住户更加细致的呵护，设计中我们在南北向房间分别设置采暖系统集配器，用户可根据太阳的变化实现不同朝向的调节，在满足温度要求的同时，充分节约能源并合理地控制投资。

46.冬季低温地板采暖

再生水热泵系统在冬季提供供暖热源，其最高供水温度为44℃。针对此条件，我们对于供暖末端形式进行了大量的分析与比较，最终确定利用低温辐射地板采暖方式。

冬季低温地板采暖有以下优势：一是提高了居住的舒适度，更有利于人体健康；二是低温地板辐射采暖的计算温度可比采用其他散热器的布置形式低2℃，这就从根本上降低了能量的消耗，达到了节能的目的；三是管线全部铺设在地板下面，扩大了使用面积。

以上两项技术的综合应用，既符合了系统的适用性，又实现了节能的综合效益。

47.控制系统与计量收费

国奥村公寓每户的弱电管井内都设有电信号采集盒，该单元内每个风机盘管的控制线和采暖集配器的控制线都引到采集盒内，并通过采集盒将信号引入到中心控制室集中控制。在中心控制室，物业收费系统与集中控制室的流量控制系统相连，各用户冷热源流量的变化通过电信号获得，进而实现对每一用户进行按流量的计量收费。

48.节水型洁具

我们对比了现有市场上的3L/6L冲水马桶与4.5L的马桶（这是市面上最少用水量的产品）的节水性。因为4.5L无法设置二档（小便档），经分析大小便的如厕频率，3L/6L冲水马桶更节水。故奥运村的洁具选型确定为3L/6L冲水马桶（图31）。

31.节水型洁具

环保节能建材篇

49.通风器

通风器是室内空气微循环置换装置,被称为房间的肺,外墙设置换气口,有组织地进行室内微循环换气,以保持室内的空气新鲜。奥运村每个单元南北方向各安装了一部通风器,有效保证了室内通风环境。同时其节能、隔声、净化空气的功效提高了住宅室内环境的舒适度(图32)。

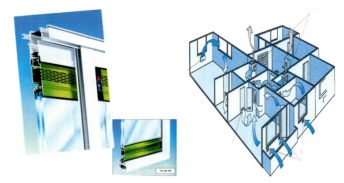

32.通风器

50.毛细管采暖系统

外卫生间及顶层跃层敷设地板采暖后,仍需使用其他辅助采暖方式以达到房间温度要求。在设计中采用吊顶式毛细管系统,替代散热器辅助采暖形式,既节省了空间,又达到了美观的效果。

51.环保隔墙材料

奥运村公寓隔墙采用石膏条板材料。石膏是具有"呼吸功能",对环境毫无污染的材料。石膏孔隙在室内湿度大时,可将水分吸入;反之,室内湿度小时,又可将孔隙中的水分释放出来,自动调节室内的湿度。石膏在生产上可利废,节约能源,产品可回收再利用且卫生。

52.隔声卷帘

首层因为接近地面,往往容易受到外界的干扰,奥运村所有首层及沿街外窗外设隔声卷帘,有效地阻挡了外界噪声(图33)。

53.LED夜景照明

奥运村的夜景照明采用了节能灯具LED,LED具有用电少、色彩丰富、寿命长等优点,使得奥运村的夜晚既漂亮又省电。

33.隔声卷帘

54.木塑复合材料

在奥运村设计中,大量将这种绿色建材运用在立面装饰及建筑出入口地面铺装上,既体现了中国古建木结构的独特魅力,又具有自然的亲切感,同时又有效回收利用了废弃物,极大体现了绿色奥运的理念。

木塑复合材料或称为塑木复合材料,是用塑料和木纤维(或稻壳、麦秸、玉米秆、花生壳等天然纤维)加入少量的化学添加剂和填料,经过专用配混设备加工制成的一种复合材料。它兼备塑料和木材的主要特点,本身抗氧化、耐久性都很好,没有任何污染,可以在许多场合替代木材。这对木材资源严重匮乏的我国来说,具有重大的意义(图34)。

34.2008年北京国奥村住宅立面木塑复合材料的运用(摄影:王韬)

55.地下空间利用光导管技术照明

自然光无处不在，是取之不尽、用之不竭、洁净无污染的能源。光导照明系统的原理就是通过采光罩将自然光线引入系统内进行重新分配，再经过特殊制造的光导管传输后由系统底部的漫射装置把自然光均匀地照射到室内，实现自然光照明的特殊效果。光导管照明技术目前在国外的使用较为广泛，是一种健康、节能、环保的新型照明系统，所有材料均无毒、无污染。其在本项目中使用的数量虽然不多，但我们希望，随着在使用过程中其优点的不断体现，本项技术在今后的工程中能够得到更广泛的应用(图35)。

35.地下空间利用光导管技术照明

无障碍设计篇

56.小区系统无障碍设计

在住宅区设计中，设计师往往采用在住宅入口台阶的一侧附设残疾人坡道的方式。在奥运村的设计中，采用的是一种全新的设计理念——整体小区的无障碍设计，给居住者带来人文关怀。在奥运村，道路比绿地略高（下凹式绿地体系），这样既保证了雨水的下渗，节约了水资源，又实现了室内室外的"平接"，即住宅入口处没有台阶。村中每一个景点都有坡道相连。

有人认为无障碍设计就是为残疾人所准备的。其实不然，在日常生活中你可能是个身强力壮的人，但可能在散步时由于偶尔的台阶而崴脚；你要费力地将孩子的婴儿车往台阶上搬；老人出行你要陪伴左右……而无障碍设计可以省却这些烦恼(图36)。

36.2008年北京国奥村入口无障碍设计（摄影：王韬）

57.室内公共空间无障碍设计

对于残疾人设施，设计师通过坐着（轮椅）体会生活来设计，不放过每个细节。除了室外系统的无障碍设施，室内公共空间也实现了无障碍设计。通往电梯间的通道没有高差；电梯每层层站入口为平接，楼梯间通往各户为平接；电梯为残疾人电梯，每部电梯可容纳2辆轮椅，设低位呼梯盒、语音提示等设施；楼梯设盲道提示。

58.户内无障碍设施

一至三层每户都有至少一个无障碍卫生间，卫生间内的卫浴设施都安装了扶杆，回门把手等设施，户内设施凸起高差不超过1.5cm（如推拉门下部轨道暗埋），并以缓坡过渡，老人、行动不便者使用起来比较安全(图37)。

37.无障碍设计卫生间

59.紧急求救系统

所有户型的起居室、主卧室设置紧急求救按钮；一至三层无障碍卫生间内也设置了紧急求救按钮。在紧急情况下按此按钮，信息会传递到物业，使其可以及时采取措施。

配套设施篇

60.配套幼儿园—微能耗建筑示范

国奥村中的幼儿园在建筑设计上是一座反映了各种高科技手段的"微能耗"建筑。它使用了风能、太阳能等清洁能源，采用了冰蓄冷、光伏发电等技术，是国家的重点科研项目。孩子在幼儿园的生活过程中就能感受科技、了解科技。了解如何使用可再生能源，从而减少不可再生能源的使用。

61.车库文化

为了节约用地，将更大的地面留给绿化，地下空间的利用与开发尤为重要。随着地下空间使用功能的多样化，地下成为人们经常光顾的地方。除了一般意义上的满足功能需要外，在国奥村的建设中充分考虑人的心理需要和安全需要。通过设立便民设施、发光节点、背景音乐、花坛等塑造人性化的绿色的停车空间。

62.会所

会所反映一个小区的品质与居民需求，国奥村有两个会所：一个是商务主题会所，是满足高档社区居民聚会交往的场所；一个是休闲主题会所，有游泳池、健身、SPA等项目，是小区居民专属的休闲场所。

63.中心公建

是国奥村重要的配套服务设施。虽然国奥村的周边配套设施齐全，但一个小区应该拥有便捷的服务。中心公建分为东、西两个部分，可以保证居民不用跨越市政路，其内部功能有：餐饮、超市、邮局、银行以及精品店。

64.网络

村中拥有独立的宽带局域网，住宅中每个房间皆设网络接口，而且网速高。

65.手机信号

移动通信在国奥村中实现了两个覆盖，一是室外的宏覆盖，即在室外花园的每个角落都可以顺畅接听电话；二是室内的深度覆盖，完全消除了在钢筋混凝土房间内手机信号不好的问题。

66.一卡通

村内为方便居民生活，提供了一卡通服务系统，包括停车、门禁、电梯控制及部分内部消费。

67.有线电视与卫星电视系统

村内安装了双向有线电视系统与卫星电视系统，并且在每个房间都配备了接口。

68.安防等级高

高档住区的安防十分重要，奥运村重视安防系统的设置，并提高了安防等级。首、二层及顶层外门窗为保证居民的安全，加设了防护措施，不同于普通住宅的护栏，而是全部统一安装了窗磁及门磁(图38)。

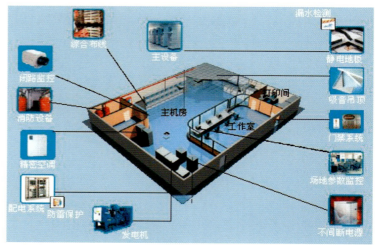

38.2008年北京国奥村住宅安防布置

69.楼宇自控系统

有效地控制了公共用电量，降低了居民的分摊成本。

立面设计篇

70.北京地域建筑风貌

在奥运村，开发商与建筑师有一个共识：打造中国的奥运村。现代的公寓式建筑尺度不同于中国本土的建筑，如何体现中国元素，一直是我们研讨、思考、努力的方向。其实，在建筑设计业界一直在努力营造古都风貌，不断在尝试各种手段来体现北京本土建筑风貌，但实践证明，形式上的模仿与照搬(大屋顶)，生活方式上的沿袭都是不恰当的。在奥运村中，我们作了很多努力与探索，用灰砖、局部白墙、木塑条板来营造一种"黑、白、灰"的中国水墨画效果，强调中国建筑内敛、稳重、不张扬的个性。希望通过细部处理让建筑"耐看"(图39)。

71.外装修

中国民居根据地域不同，有很多种类。奥运村继承或表达什么样的建筑文化呢？我们捋了这样一个思路：中国的——北方的——北京的。材料选用如下：主墙面仿北京民居采用灰砖错缝贴；首层腰线为铝合金，上刻有中国传统"云水"纹理，有吉祥之意；腰线以下墙面是磨毛横纹石材，体现朴素中的庄重；窗户处理注重细节，上下皆有铝合金收口；窗间墙仿砖雕刻有传统图案，传达中国文化；阳台外设木塑条板，其木色表达中国传统的木构建筑形式(图40)。

72.入口门厅

每个住宅首层入口都设入口门厅，门厅介于室内与室外之间，既是建筑的一部分，又是景观的一部分(入口门厅取意中国的亭子，融于景观及绿化之中)。入口门厅以近人的尺度，最可以体现中式建筑的风韵，将白墙黛瓦、木格栅、中国印、中国文字艺术石等中国特有的建筑语汇运用进去，体现中国文化。其形态因区而异，以体现可识别性(图41)。

结束语

每一个人都需要一个家，"住宅"不等于"家"，家的含义包括物质与精神两个层面，但住宅是家最主要的载体。奥运村的每一个建设者为了打造高品质的"家"，都已经或正在付出辛苦的工作，希望奥运村的住宅能成为每一个居住者的安家之本。

*文章图片除标注摄影者外，其他图片均由作者提供。

39、40.2008年北京国奥村实景（摄影：王韬）
41.2008年北京国奥村住宅楼入口（摄影：王韬）

奥运村设计联合体
总体单位：北京城建设计研究总院有限责任公司
成员单位：澳大利亚PTW设计公司
北京天鸿圆方设计院
项目总负责人：刘京
项目负责人：刘安、李丹
建筑专业负责人：贺奇轩、胡嘉、常中华、范兆楠
总图专业负责人：孙明、侯宝永
景观专业负责人：唐少文
结构负责人：喻晓 、金炎
电气负责人：李志明 、 袁环宇 、赵文琪
弱电负责人：安卫华、魏乃永
水专业负责人：肖然、李放、阎文蕾
暖通负责人：王德荣 、温永清、邢海峰

作者单位：北京市城建设计研究总院有限责任公司

主题报道
Theme Report

旅游地产
Tourist Land Development

- 乔晓燕：基于生态可持续视角下的旅游区开发设计
  ——以深圳东部华侨城生态旅游景区为例
  Qiao Xiaoyan: Touring District Design basing on the viewpoint of continuable ecology
  For example: OCT East ecology touring district

- 曾 辉：深圳东部华侨城茵特拉根小镇规划
  Zeng Hui: The Plan of Interlaken Town in Eastern Shenzhen OCT Area

- 曾 辉：深圳东部华侨城茵特拉根小镇建筑设计
  Zeng Hui: Architectural Design of Interlaken Town in Eastern Shenzhen OCT Area

- 乔晓燕 张黎东：生态理念、大地艺术与旅游产品的创新结合
  ——深圳东部华侨城湿地花园设计理念解析
  Qiao Xiaoyan and Zhang Lidong: An innovative combination of eco-tourism and the art of the mother ear
  Report of The Wetland garden in OCT EAST

- 深圳东部华侨城有限公司：深圳东部华侨城天麓
  SHENZHEN OCT EAST CO., LTD.: Tian Lu Project in Eastern Shenzhen OCT Area

深圳东部华侨城总体规划

基于生态可持续视角下的旅游区开发设计
——以深圳东部华侨城生态旅游景区为例
Touring District Design basing on the viewpoint of continuable ecology
For example: OCT East ecology touring district

乔晓燕 Qiao Xiaoyan

1. 深圳东部华侨城主题小镇——茵特拉根全景

[摘要]深圳东部华侨城是华侨城集团投资35亿元人民币巨资打造的、以"让都市人回归自然"为宗旨、以文化旅游为特色的新型山地生态旅游度假区。借助自然景观规划了大侠谷、茶溪谷、云海谷三大主题区域,集生态动感、休闲度假、户外运动等多项文化旅游功能于一体,体现了人与自然的和谐共处。

[关键词]生态旅游、规划设计、环境保护、循环经济

Abstract: *OCT East is built by OCT Enterprises Co, on which is spent 3.5 billion yuan. Its tenet is taking urbanites back to nature. It's a new upland zoology holiday district which has the feature of culture traveling. It makes use of natural sight to plan 3 thematic districts: big gorge, tea and brook vale, cloud and sea vale. It integrates zoology, holiday, outdoor sport and many culture traveling function. It embodies the harmony between human and nature.*

Keywords: *zoology traveling, plan and design, environment protection, circular economy*

一、建设背景

由华侨城集团投资35亿元人民币精心打造的深圳东部华侨城,坐落于中国深圳大梅沙,占地近9km²,是以"让都市人回归自然"为宗旨、文化旅游为特色的新型山地生态旅游度假区。东部华侨城在山海间巧妙规划了大侠谷、茶溪谷、云海谷三大主题区域,集生态动感、休闲度假、户外运动等多项文化旅游功能于一体,体现了人与自然的和谐共处(图1)。

2007年7月28日,该项目的一期工程历经4年的开发建设,终于揭开了神秘的面纱,隆重试业。自此以来,其受到了社会各界的好评,不仅荣获了国家旅游局和国家环保总局共同颁发的"国家生态旅游示范区"的称号,也得到了众多游客的肯定。东部华侨城4年来的规划建设过程,也是我们对生态旅游开发不断探索和创新的过程。

二、旅游区开发设计

1. 创新的生态规划设计理念

(1)实现生态旅游内涵的延伸:从控制型消极保护向诱导型生态建设的转变

深圳东部华侨城占地面积近9km²,跨山面海、毗邻湖泊、茶田葱郁。虽然拥有得天独厚的自然资源,但也面临水源保护线、生态控制线、高压走廊等一系列制约条件。东部华侨城在项目规划中,科学地进行生态敏感度分析,划分了地质脆弱区、植被敏感区、水源涵养区、优化发展区和适度建设区,最大限度地减少了对山体、植被的破坏。有选择地借鉴了现有主题公园的成功经验,对自然山地进行多层次文化附加,打造了一个既有完全保留原生态的自然植被和山地景观,也有经过人工化方法充分美化和精化的原生态型景观,还有完全

2. 深圳东部华侨城茵特拉根酒店

用现代手段打造的、融入区内生态环境的现代生态景观的新型旅游度假区，为"生态旅游"的定义作出了创新的诠释，赋予山、林、湖、海更多人性化的内涵。这种生态旅游产品策划设计的突破，为中国其他大都市周边地区培植类似的具有自然生态背景的新的旅游模式和旅游空间提供了示范模本。

在旅游区的规划设计中，我们提出"创新保生态，生态保创新"的开发理念，将保护生态环境的创新思维和方法根植于项目开发的各个领域和环节。

(2) 适应生态旅游需求的演变：从观光旅游向生态体验、休闲度假的转变

近几年来，全球经济的强劲增长，也促进旅游从观光旅游的初级形态迅速向较高级形态的休闲度假旅游过渡，尤其是大城市周边地带以自然生态为基础的休闲度假旅游正在成为时尚。从深圳看，旅游中心正在向东部滨海地区扩张，一个以山海型休闲度假为主题的全新旅游格局正在形成。

旅游区设有三大景区：

茶溪谷坐落在三洲田的青山绿水、茶田湿地之间，是首个以茶、禅为文化主题的绿色生态景区。山水、茶艺、花卉、民俗风情等浪漫元素，让都市人远离喧嚣，从容地享受自然(图2)。

云海谷依托东部华侨城独有的湖光山色、云海奇观、悬崖飞瀑，以休闲健身、生态探险、时尚运动、休闲娱乐、奥运军体运动为主线，体现高尔夫、军体训练、野外拓展等极具特色的旅游探险和户外休闲文化。

大侠谷俯瞰深圳东部黄金海岸线，以"森林、阳光、大地、河流、太空"为主题元素，以人类对自然界广袤未知领域的全方位探索为主线，集山地郊野公园和都市主题公园的优点于一体，实现了自然景观、生态理念与娱乐体验、科普教育的创新结合。峡湾森林、海菲德小镇、中心广场、发现之旅、地心之旅、太空之旅、激流之旅和云中部落等八大主题区域，带给人们不同的惊喜感受。

在继承和发扬华侨城旅游开发成功经验之余，东部华侨城不断地吸收提炼国内外先进经验，并结合自身资源特点加以创新，通过生态与人文、东方与西方、现代与传统的结合，最终诞生了一系列独具文化韵味、主题鲜明的旅游项目。

(3) 文化风情——主题生态小镇

主题小镇既是东部华侨城各区域的重要功能节点，也是游客感受多种文化主题风情的旅游热点片区。东部华侨城通过引入瑞士阿尔卑斯山畔的茵特拉根题材，将中欧山地建筑风格与茶溪谷优美的自然景观进行了完美的结合，规划了主题街区、SPA中心、度假酒店、剧场等多种形式产品，在山谷间创造出一个优美的山地小镇。

茶翁古镇则选择了"以古镇承载文化，以茶园昭示理念"的表现手法。游客在此可以欣赏茶田风光，品尝美茶美食，亲自动手采茶制茶，透过禅茶礼仪品味回归自然的生活态度(图3)。

3. 深圳东部华侨城茶溪谷

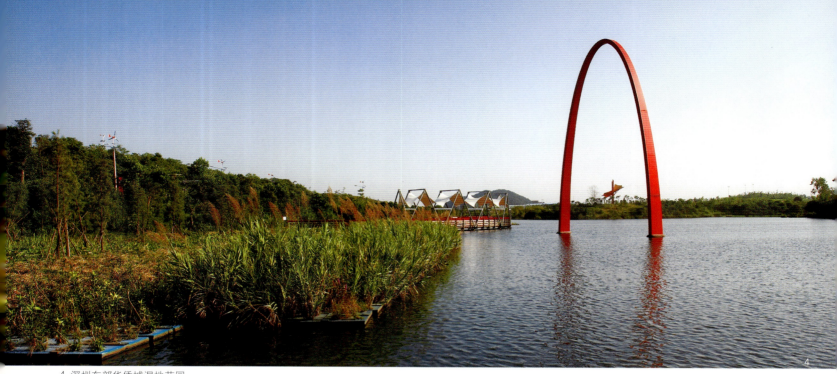

4. 深圳东部华侨城湿地花园

海菲德红酒小镇，是国内第一座红酒主题文化小镇，设有红酒博物馆、酒窖、特色品酒区和主题商业街，展现了浓郁而独具特色的世界红酒文化。

艺术表演是华侨城文化旅游的特色品牌。东部华侨城天禅晚会，是一部融合了多种艺术手段、以禅茶文化为主题的大型多媒体交响音画晚会。剧场玻璃幕墙可根据剧情整体打开，实现场外茶田瀑布实景与场内舞台表演精彩结合的生态演出效果。

云海快线由穿梭10km的丛林缆车和森林小火车组成，是国内首创的山地观光设备组合。

观音座莲占地约12000m²，表现旅游文化与宗教文化的创新结合，包含宏伟壮丽的"自在观音"、中国古书院风格的"逍遥集市"以及多媒体趣味展示"妙像禅境"等。

东部华侨城在项目规划时去繁就简、因山就势、资源共享、集约用地，突出整体性、和谐性、前瞻性、包容性、权威性和可操作性，既重视重点项目的生态示范意义，又注重大侠谷、茶溪谷、云海谷三大区域、旅游产品与配套设施、旅游与居住之间的内部资源利用联系。实现了生态可持续、经济可持续、社会可持续的景区功能。

同时，规划也充分考虑、分析和论证了项目建设过程中会出现的山体滑坡、地表植被受损、水源流向冲突等问题，并有针对性地预先制定了预防方案和措施，如建设挡土墙、种植根系生长快速的植物、边坡稳固护理、水系改线等必要措施，最大限度地预防和保护了原生态环境。此外，还科学地划分了地质脆弱区、植被敏感区、水源涵养区、优化发展区和适度建设区，将地质脆弱区、植被敏感区、水源涵养区确定为限制开发或保护性开发区域，将优化发展区和适度建设区作为永久性建筑的开发区域。按照这种区域划分，最大限度地减少了对地被、植被和山体的破坏，有效地保护了生态环境，并在此基础上改善了区域环境。

2. 环境保护是立足之本

在规划、设计、建设和经营管理的各个领域，始终坚持三条开发原则：

(1) 尽量少扰动或者不扰动山、水、植被；

(2) 项目建成后，做好对山、水、植被的保护；

(3) 充分利用无污染、可循环的能源进行产品设置和开发。

瀑布内是办公楼：有"国内第一人造瀑布"之称的大侠谷瀑布，长300m，地形落差70m，水流落差42m，面向大海。这一道瀑布外侧是景观，而内部则是办公楼和会议室，体现了土地和建筑的集约利用，是外部景观与内部绿色办公建筑相结合的成功范例。

人工湿地式生态过滤网：茶溪谷的人工湿地总占地面积近50万m²，形成一道美丽的景观，生物多样，四季美丽。湿地是个大型的生态工程，采用了国际最新的三级水质处理技术，为三洲田水库提供天然生态过滤网（图4）。

日晷表盘能固化山坡：在一处滑坡上，有一个巨型日晷，直径38m，面积1133m²。这个日晷表盘既是一个特色景点，又起到固化山坡的作用，实现生态绿色景观与水土保持的结合。

"零污染交通系统"：穿梭景区的是一辆辆电瓶车、老爷车。这里倡导"绿色出行"，禁止机动车进入景区，实现了"零污染交通系统"。同时设计了电动丛林缆车、森林小火车连接大侠谷与茶溪谷，既无污染，又成为景区的美丽风景（图5）。

清洁能源系统：太阳能发电利用太阳热能为景区监控系统每天24小时不间断供电，白天产生的多余电能可以输入到电网，晚上可利用电网作为补充，从而使能源得到合理的安排和使用。

风车发电站：在大侠谷的绿色山脊线上，点缀着一架架白色的风车，格外引人注目。其不仅仅是景观，也是国内首座近万平方米的旅游景观风力发电站群。一年可产生200万度的电能。

水能发电站：东部华侨城正在规划建设中的水能发电站将实现水库蓄水与水能发电的结合，是水能资源合理利用的生动教科书。

节水排污：东部华侨城建设了11个分散式污水处理站，总计约6200立方米／日的污水处理量，均可以达到规定的排放标准。东部华

5. 深圳东部华侨城森林小火车

侨城还全面使用国家推荐的节水型器具和设备。酒店、景区内的公共区域、办公区、职工宿舍、厨房等使用节水型水龙头、冷热水混合器、沐浴装置、自动冲洗阀等。

热回收利用：充分利用空调余热制热、空气热源泵等节能环保制热技术或设施，经系统高效集热处理后用于酒店、水疗等项目的热水热源，提高系统的节能环保水平和集热效率。

东部华侨城遵循生态旅游、可持续发展的原则，最大限度地实现生态旅游资源的价值，把产品开发和游客活动对生态环境所产生的消极影响降到最低程度，以实现社会效益、环境效益与经济效益三者的完美结合。

3. 可持续的循环经济理念

东部华侨城走的是一条自主创新发展循环经济的路子，循环经济系统成为景区系统最大的隐系统。在循环经济系统的支撑下，景区内呈现出和谐繁荣的景象。

规划设计环节，景区坚持符合循环经济、生态环保的超前科学规划和设计理念，在源头上保证景区项目走发展循环经济道路。

工程建设环节，坚持因地制宜、节水、节能、节材、开发新能源和可再生能源，建立再生资源综合利用系统。比如，景区所有裸露地段几乎都进行了绿化处理，人工种植了草皮或者各种灌木和观赏植物；设立了空气自然洁净系统，限制机动车辆在景区核心地段行驶；建立环境承载力检测系统，旅游高峰时期对入园游客数量设定上限，避免景区超载；同时，区内所有地方推广节水型器具，建立供电、供气、中央空调方面的节能系统。道路标识采用环保节能型材料，并且尽量使用太阳能、风能等天然洁净能源，尽量避免不符合环保要求的、被行业淘汰的耗材。凡此种种措施，都尽最大可能节约了能源，保护了生态环境，促进了景区经济的循环化和旅游系统的可持续发展。

经营管理环节，建立环保化经营准入机制、个性节约化管理机制，使景区走入资源节约型、环境友好型的良性运作循环。景区的商业街在选择商家的时候，果断地拒绝了那些能源消耗大、与景区环境不兼容的商家。不提供野生动物食品，不提供、不使用一次性发泡塑料制品和餐具，出售的纪念品和商品全部采用环保工艺、环保原材料制作。行政办公方面，东部华侨城更是鲜明地体现了循环经济的特色，比如推广无纸化办公、使用环保材质印制名片、废纸再利用、办公室空调温度不低于26℃，等等。

消费环节，在面向游客的食、住、行、游、购、娱等各个方面，引导可持续的绿色消费观。通过一系列的宣传活动，引导人们关注环境污染，倡导绿色选购，引导崇尚自然的生活方式。建立了固本废物分类回收系统，使建筑垃圾得以回收利用。通过层层设保，景区的各个支系统都走入循环轨道，在友好的耦合环境中带动景区的循环气象。

三、结束语

"生态和人文的结合，东方与西方的结合，现代和传统的结合"深刻地揭示了东部华侨城的魅力密码，是贯穿景点规划和建设过程的线索。许宗衡市长曾说，东部华侨城是在打造"深圳市新的流光溢彩的城市名片"，这张城市名片的新颖之处，从某种角度上说，恰恰就在于她所开创的文化科技旅游新体验。

*摄影：匠力建筑·装饰摄影设计 陈勇

参考文献
[1]吴志强，吴承照. 城市旅游规划原理. 北京：中国建筑工业出版社
[2]规划师，2007(8)
[3][英]曼纽尔·鲍德-伯拉，弗雷德·劳森. 旅游与游憩规划设计手册. 北京：中国建筑工业出版社
[4]智旅动力. 网站论坛

作者单位：深圳东部华侨城有限公司

深圳东部华侨城茵特拉根小镇规划
The Plan of Interlaken Town in Eastern Shenzhen OCT Area

曾 辉 Zeng Hui

1. 深圳东部华侨城茵特拉根小镇鸟瞰图

[摘要]茵特拉根小镇是深圳东部华侨城的重要景区,其定位于18世纪的中欧小镇,充分利用片区优美的自然条件,以优雅、含蓄的设计语言烘托悠闲的风格,创造出世外桃源般的感受。

[关键词]深圳东部华侨城、茵特拉根小镇、规划

Abstract: Interlaken Town is an important knot in the landscape of Eastern Shenzhen OCT Area. It has a style of European town in the 18th century. Taking advantage of the beautiful landscape, by an elegant urban design, it creates an atmosphere of leisure and the sense of Shangri-la.

Keywords: Eastern Shenzhen OCT Area, Interlaken Town, planning

茵特拉根"Interlaken",镇名取于瑞士现有的一个小镇,意为"两湖中央"。

因为深圳东部华侨城是一个旅游地产项目,在旅游方面,需要有一个独特的设计风格定位。为了反映自然生态的山景,小镇取题于德国和瑞士边境一带的小镇风格,主要是因为当地的小镇位于很好的高原气候带,建筑利用大量的自然花作为装饰,充分地把自然和浪漫融合在一起。为了有别于德国与瑞士当地的小镇,本项目主题设计风格定位为18世纪的中欧小镇(图1)。

一、"小镇"反映生态自然美

因为该项目是东部华侨城尾端的重要景点,被自然山体包围,因此为了反映当地自然美,风格取向选定"小镇",利用建筑、小品、环境等建筑设计语言来带出其悠闲的感觉,在繁华的深圳东面,创造出世外桃源般的感受。

二、规划流程介绍小镇民生

1.抵达小镇的前奏经验

去过小镇的人都能感受到:坐车经过宁静而自然的山景,弯曲的长路慢慢把客人从狭窄的山底送到宽阔的山顶,视野从窄到宽,从低到高,最终到达东部华侨城9.4km²地域的后方,看到世外桃源——茵特拉根,这就是小镇给客人在里程规划上的前奏。

2.火车站广场的迎接

到达后,迎面就是小镇大门,进去便是小镇广场。小镇广场设置着火车站、小剧场、商业街入口大门还有湿地公园入口花廊。此处用于迎接从火车站抵达或从小镇入口大门进入的客人,他们在广场上明晰地了解景区的规划后,经过小剧场的欢迎表演,就可以分流到商业街或湿地公园。广场的规划,反映了当代的小镇交通规划,主要依赖着火车,而火车站通常是火车小镇的迎接点(图2~4)。

2. 深圳东部华侨城茵特拉根小镇火车站
3. 深圳东部华侨城茵特拉根小镇钟楼
4. 深圳东部华侨城茵特拉根小镇火车站广场概念方案

  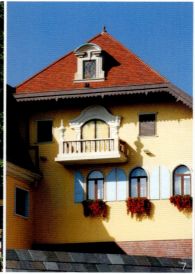 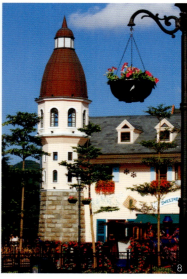
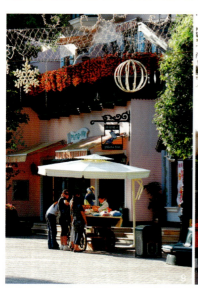   

5~13.深圳东部华侨城茵特拉根小镇商业街实景

3.商业街的含蓄

商业街的规划相对比较简单,两段商业街各安排在中央湖的两端。因为要反映小镇的休闲感,其并没有被安排在同一轴线,而是特意被温柔地折成两段,营造出丰富的视觉角度,从头看不到尾,从中段却可以惊喜地看到街端的钟楼和大剧场。从商业街建筑不一的大小体量、墙体颜色、单体设计、门窗设计和配件设计,以及楼上酒店客房,楼下商店的安排可以体验到:细节反映了当代民生(图5~13)。

4.大剧院在小镇的地位

大剧院规划在商业街尾端，利用商业街作为视觉引导和前奏，把其在小镇的位置推到顶峰，反映了当代小镇对文化建设的重视。

5.酒店与山体的共鸣

酒店是一个相对独立的功能体系，它的体量和功能在小镇规划上是非常重要的，加上商业街楼上有一部分客房，酒店的功能必须贯通，所以酒店规划在商业街以西，面临着大部分主湖的湖景。同时商业街以西有非常高的山作为背景，大体量的酒店以山作为背景，可以呼应出更完整和优美的景象(图17)。

6.水疗中心与商业街的围湖景象

主湖以北是水疗中心，面对着酒店，紧靠着商业街尾端。水疗中心、商业街与酒店，在规划上都属于围湖建筑，营造出湖岸周边的小镇景象(图14～16)。

14.深圳东部华侨城茵特拉根小镇水疗中心与商业街的围湖景象
15.深圳东部华侨城茵特拉根小镇酒店入口构思草图
16.深圳东部华侨城茵特拉根小镇水疗中心

17.深圳东部华侨城茵特拉根小镇酒店

18.深圳东部华侨城茵特拉根小镇围湖而建
19.深圳东部华侨城茵特拉根小镇酒店临湖景观
20.21.深圳东部华侨城茵特拉根小镇

7. 主湖的浪漫

主湖本身是主要的风景元素,同时也提供了湖上交通,令酒店码头的船可以抵达对岸的商业街和水疗中心。小船则既丰富了小镇的交通经验和浪漫感,又提供了湖中欣赏围湖风景的选择(图18~22)。

22.深圳东部华侨城茵特拉根小镇围湖而建

8. 视觉高峰——小镇古堡总统别墅

在主湖以西,围湖建筑突然礼让,游客的视角随着温柔的小瀑布,向上透过自然绿化可以隐约地看到水疗小木屋。小木屋是酒店的客房设施,因为设置了室外水疗水池,所以有大量的绿化来增加隐私感。从商业街看,围湖建筑是视觉前奏,隐约的小木屋则是视觉前奏后的休息。视角再向上,在山上,就是小镇的视觉高峰——小镇古堡总统别墅,其规划的位置反映了当代古堡的重要性。

9. 幽雅的小镇运动区

商业街尾端以东,是小镇的高尔夫练习场和室内网球场。这里拥有茵特拉根小镇两湖的第二个湖,及其他自然风光和山体。在规划时把小镇的运动建设设定于这一区,便主要源于此,其反映出社区居住者都喜欢在优美的环境中运动。

三、丰富的交通

园区外的客人可以乘私家车或专线客车抵达小镇。园区内的客人可以从云中部落乘景观火车抵达小镇火车站。在小镇内,客人可以步行或租用电动小车观赏不同景点,也可以乘坐湖中小船慢赏湖中风景。从商业街到湿地公园,也设有表演小火车,暂定只供表演用,但以后也可能发展成小镇交通工具之一。

四、重叠式规划

在传统的规划上,不同的功能会利用分区规划形式摆放在用地的不同位置,主要原因是为了简化管理。

茵特拉根小镇利用了重叠式规划,把酒店设施的规划与小镇旅游景区的规划重叠。

游客可以在离开园区的时候进入酒店,其公共设施也可以提供给游客观赏和享用。在重叠的规划上,酒店既是景区的风景,又是景区的共享功能。

通过先进的管理,酒店的客人可以自由出入景区,由此景区变成了酒店功能的一部分。酒店客人可以享用小镇的商业街酒吧和餐厅、水疗中心、高尔夫练习场、室内网球馆和大剧院。

重叠式规划令整个小镇成为酒店的设施,也令整个酒店成为小镇的设施,有别于传统分割式的规划,酒店的面积被纳入整个小镇的面积,而小镇的旅游面积也包括了酒店建设面积。另外,在小镇总体平面的规划上,酒店的布置融合在小镇风景之内,而小镇同时也变成了酒店的风景。

规划的细度和有效地利用小镇整体面积,就是茵特拉根小镇规划的最大特色。

*摄影:匠力建筑·装饰摄影设计 陈勇

作者单位:划堃有限公司(香港)

深圳东部华侨城茵特拉根小镇建筑设计
Architectural Design of Interlaken Town in Eastern Shenzhen OCT Area

曾 辉 Zeng Hui

1.深圳东部华侨城茵特拉根小镇酒店前门楼

[摘要]深圳东部华侨城茵特拉根小镇定位为18世纪的中欧小镇，采用典型的欧式"巴洛克风格"，令建筑在造型与细节表现中更具旋律与节奏感，与周围环境融为一体，产生了共鸣。

[关键词]深圳东部华侨城、茵特拉根小镇、建筑设计、"巴洛克"

Abstract: Given a style of 18th century European small town, Interlaken Town in Eastern Shenzhen OCT Area adopts typical Baroque architecture, and creates rich expressions in building volumes and architectural details.

Keywords: Eastern Shenzhen OCT Area, Interlaken Town, architectural design, Baroque

深圳东部华侨城茵特拉根小镇主题定位为18世纪的中欧小镇，设计风格采用欧洲"巴洛克风格"。巴洛克风格是当代中欧的一个重要风格，也是一个更能表现设计旋律和细部艺术的建筑风格，更重要的是，它允许建筑在造型上和细节上表现得更有旋律和节奏感。为了表现不同的建筑在不同的自然风景下产生的共鸣，建筑天际线、建筑立面的细节、建筑平面的凹凸和建筑体的层次，都像音乐般地变成视觉旋律和节奏。

一、茵特拉根酒店

酒店的建筑向南依山，向北靠湖。整体靠湖建筑体长约320m，湖的最宽直径超过120m，令向湖客房可以享受整湖的风景，向山客房享受幽静的山地景观。

1.酒店大门的布局和设计

经过漫长的优美山地旅程，游客终于抵达了茵特拉根小镇。因为酒店的风格要配合整体小镇的休闲风格，酒店大门的布置并没有像普通五星级酒店那样庄重，而是需要拐弯进去一个小路，经过一个小镇风格的前门楼，才可以发现真正的酒店门楼，整个感觉特别含蓄(图1)。

2.酒店门楼为5层高建筑，立面设计偏向贵族大屋，门楼两侧布置空间围合建筑，从前门楼进来，会看到门楼西侧的矮楼，阻止了视觉的前进，形成门楼前空间的边界。当客人离开酒店的时候，会留意到门楼东侧的一个高塔，引领视觉垂直上升，然后再从前门楼的拱门离开。酒店门楼正前方，是叠台式花园怡景，具有着宽阔的空间感。从前门楼到酒店门楼，会感觉到空间压缩，然后释放到大自然环境；从酒店离开，又会感觉到从宽阔的酒店门前空间压缩到前门楼的拱门，然后拐弯到小镇方向。这体现了"巴洛克风格"的空间节奏感(图2)。

3.酒店向湖立面

除酒店正门楼立面，最重要的立面设计就是酒店向湖

2. 深圳东部华侨城茵特拉根小镇酒店门面主楼

3.深圳东部华侨城茵特拉根小镇酒店临湖而建

的立面，因为主湖是小镇的最重要景点，而酒店向湖立面又是所有围湖建筑的主角(图3)。

在酒店正门楼立面设计上，采用了很多设计技术，其中包括：
- 视觉假透视
- 上下分区技术
- 历史重叠技术
- 房类重叠技术
- 建筑凹凸层次调整技术

(1) 视觉假透视

为了增加从对岸看过来的距离感，设计者特意调整了酒店大楼的建筑细节比例，来营造出更远的感觉。最明显的就是把所有的窗比例缩小，形成与现代建筑的对比，令对岸的客人感觉到大楼离开很远，同时也增加了湖的尺度感。

(2) 上下分区技术

酒店大楼共分5层，每一层有一定的高度，为了令对岸客人不感觉到压抑，同时保持湖的尺度有一定的距离感，建筑设计采用上下分区技术，下身(两层)利用了古堡式语言，上身(四层)采用了小镇统一风格建筑语言，令客人感觉到不高的楼坐落在山体古堡建筑上。按原设计意向，建筑下身最终会被爬墙草绿化盖住，令游客错觉其为山体，而使上身显得更矮和更远。

(3) 历史重叠技术

普通的酒店大楼设计，就算是非常长的建筑，也会利用一个统一建筑细节设计手法来统一风格，因为细节随着总长度的重复，会令建筑显得更有威严和气派。对茵特拉根酒店沿湖立面设计来说，威严恰恰是不配合的效果，因为小镇需要客气和含蓄，但也要有一定的气派。

沿湖立面采用了历史重叠技术，把立面分区设计，营造出更自然的小镇感觉。酒店东边的部分(靠近商业街)，是其公共区域，里边的功能反映在外观设计，利用不同年代的微调设计风格，把庞大的公共区域的大楼拆散表达为不同年代加建的一个建筑群，不仅令酒店的沿湖立面更有历史演变的感觉，也令整体围湖建筑更自然(图4～5)。

酒店的西边部分(靠近总统别墅)，采用了比较单一的设计风格，因为要有一定的重复，视觉上，沿湖立面才会有一定的庄严。同时重复又变成了旋律，把沿湖视觉重点带到总统别墅。

(4) 房类重叠技术

沿湖立面还采用了房型重叠技术来丰富整体效果，尤其是酒店的公共区域部分。在古代，不同功能的公建会有不同的类型，种类之多，比现代的还要丰富。茵特拉根酒店公共区域部分，采用了古堡、夏宫、贵族大屋、镇城公建、教堂和铁结构玻璃棚等不同的建筑类型混合与重叠在一起，以增加酒店的视觉丰富感。如前面所述，像不同年代加建出来的一个建筑群(图6～14)。

(5) 建筑凹凸层次调整技术

在建筑平面摆布和剖面处理上，沿湖立面也采用了建筑凹凸调整技术来增加层次感，使立面更加立体，从不同角度来看，更有变化。

4. 深圳东部华侨城茵特拉根小镇酒店丰富的立面处理
5. 深圳东部华侨城茵特拉根小镇酒店向湖立面，体现历史重叠处理和客房区旋律处理

6.深圳东部华侨城茵特拉根小镇酒店大堂
7.8.深圳东部华侨城茵特拉根小镇酒店入口廊道
9.深圳东部华侨城茵特拉根小镇酒店餐厅

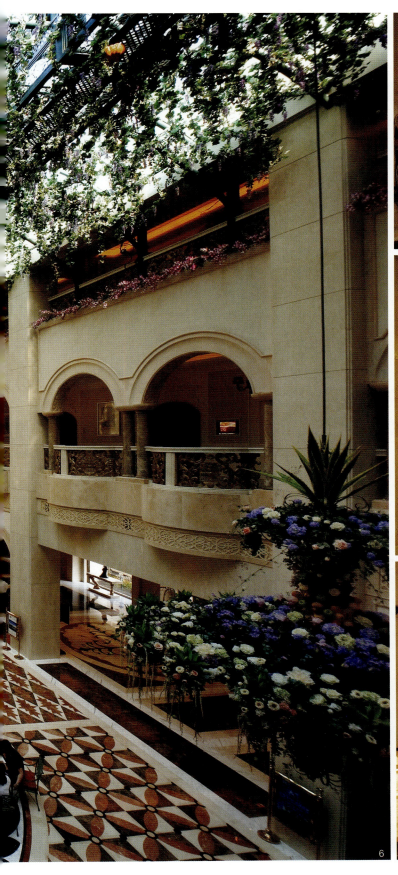

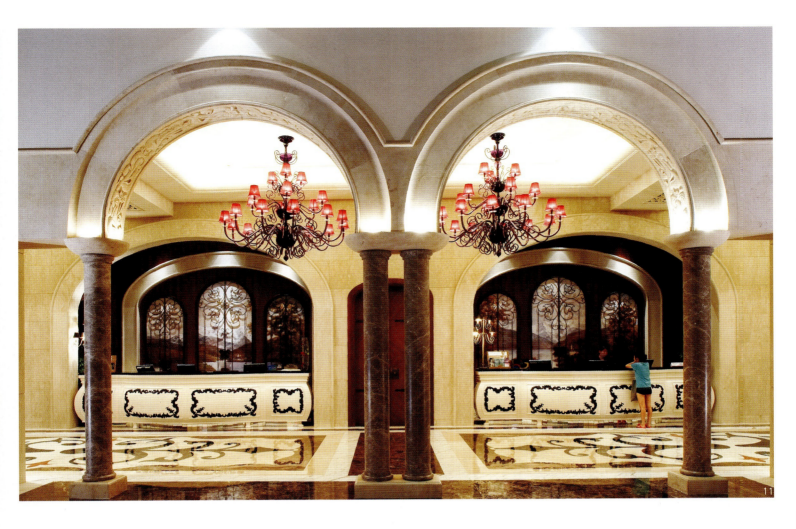

10. 深圳东部华侨城茵特拉根小镇酒店餐厅
11. 深圳东部华侨城茵特拉根小镇酒店入口客服登记口
12~14. 深圳东部华侨城茵特拉根小镇酒店客房

15.深圳东部华侨城茵特拉根小镇
16.17.深圳东部华侨城茵特拉根小镇局部立面图
18.深圳东部华侨城茵特拉根小镇

二、商业街

商业街分成两段,分别安排在中央湖的两边。在商业街的两端都设有门楼,从火车站广场进入,有一个融合小镇建筑风格的门楼,用来迎接客人到商业街;在靠近大剧场的一端,设有一个仿红砖结构的铁艺钟楼,可以提供表演或婚礼庆祝。新娘新郎站在最高一层,亲戚站在红砖门楼顶,朋友们在商业街等待着新娘扔下来的花球。

总长只有约200m,却要丰富地反映当代民生,因此组成商业街的每个楼都被设计得独有特色,而每个立面都尽量有别于其他。每个楼的窗与门、宽度、颜色、建筑结构示意、平面的凹凸、突出的棚体和露台、屋顶高低、招牌位置和楼前处理都尽量不一样,令商业街的每个楼都像被不同的业主经营,从而使其更加丰富(图15~18)。

19.深圳东部华侨城茵特拉根小镇大剧场临湖景观
20.深圳东部华侨城茵特拉根小镇围湖而建

三、大剧场

大剧场的建筑体非常庞大，内部具有可以容纳1400人的多功能空间，也具备着一组围绕式的表演台。中间是主表演台，两侧是室外怡景，但也允许演员在外表演，突出围绕表演效果。

在建筑设计上，为了减少大剧场庞大的视觉感受，其门堂和入门服务空间都被设计为小矮楼，从商业街的北端看，它们就像商业街的延续。这使得商业街感觉更长、更丰富。另一方面，矮楼遮挡了庞大的主建筑，保持着小镇统一的视觉比例（图19）。

四、水疗中心

水疗中心是约1万m²的建筑，为了令这庞大面积的建筑融入在小镇的建筑风格内，其分散成一组建筑体，以小镇语言表达这部分的围湖建筑。

水疗中心的一组建筑设计，利用了塔楼、连廊和普通斜顶房形式来组合出视觉节奏，模仿酒店建筑设计所产生的节奏，把视觉推至总统别墅。

其实，水疗中心与商业街的建筑设计，尤其是屋顶天际线，就像"巴洛克风格"的音乐起伏跳动，最后带出顶峰——总统别墅。

五、总统别墅

总统别墅是整个小镇最豪华的接待区，为了表达此重要地位，总统别墅用当代的建筑语言，被设计为高品位山地古堡。

正如酒店建筑设计，古堡的立面设计，也是经过上文所提的不同的设计技术处理，令整体外观更加丰富。

其中有两个特色比较突出：

1. 类同酒店的立面处理，利用上下分区建筑设计，将建筑下身以古堡式进行表达。在原设计上，此下身最终会被爬墙草和绿化隐藏，剩下的只是上身。

2. 屋顶设计比其他小镇的建筑更为尖锐，令建筑体更有尊严。同时，也反映整个小镇的视觉交响乐的顶峰。

除了以上所提的建筑，小镇很多其他的大小主题建筑，也各有风味。在建筑设计上都经过以上技术处理，以融合在小镇之内（图20）。

茵特拉根小镇的建筑设计不是普通的建筑设计，而是旅游项目的特色建筑设计。旅游建筑设计需具备反映该项目主题的能力，可以是中欧名镇，也可以是非洲小村。在设计的过程中，最重要的是把主题风格分析到位，然后把旅游区的不同功能演绎成总体风格的一部分。每一区的功能都不会一样，因为在旅游区内，每个功能都是一个项目，而每个项目都不应该重复，以提高整个旅游区的吸引力。

设计是一门必须渗透感情的专业，越有感情的投入，就越有深入的分析，越可以掌控分析出来的设计细节，设计效果才会越到位。这包括了规划设计、建筑设计、室内设计和怡景设计。

*摄影：匠力建筑·装饰摄影设计 陈勇

（作者单位：划垫有限公司 香港）

生态理念、大地艺术与旅游产品的创新结合
——深圳东部华侨城湿地花园设计理念解析

An innovative combination of eco-tourism and the art of the mother earth Report of The Wetland garden in OCT EAST

乔晓燕 张黎东 *Qiao Xiaoyan and Zhang lidong*

1.深圳东部华侨城湿地花园（图片由作者提供）

[摘要] 本文从规划及景观设计的角度出发，重点解析在湿地花园的设计建设实践中如何将生态环保理念与可参与性休闲旅游产品、现代大地艺术景观有机结合，打造一个融自然保育、休闲娱乐、生态教育、艺术展示多种功能为一体的旅游景区。

[关键词] 生态旅游、大地艺术、科普

Abstract: *based on the practice of master plan and landscape design of wetland garden, this article focus on how to integrate ecological education with interactive tourism products and the art of the mother earth in modern landscape, and to build multi-functional tourism district.*

Keywords: *eco-tourism, the art of the mother earth, ecological education*

2.深圳东部华侨城湿地花园四季植物馆(图片由作者提供)

引言

深圳东部华侨城是位于深圳东部梅沙－三洲田片区的国家级生态旅游示范区，占地近9km²。项目规划的核心理念在于将生态环保科普主题与可参与性休闲旅游产品有机结合，将现代大地艺术景观与区内原生态环境多层次叠加，打造一个融自然保育、休闲娱乐、生态教育、艺术展示多种功能为一体的旅游景区。该项目为"生态旅游"的定义作出了创新的诠释。

湿地花园作为东部华侨城大景区的亮点之一，充分体现了上述规划理念。其占地约35万m²，位于海拔350m的茶溪谷东南部，毗邻三洲田水库，是一个以人工湿地和山地花田为背景，兼具水源涵养、环保教育与休闲娱乐功能，并融艺术与生态魅力于一体的新型景区，是花的世界、绿的世界、艺术家的世界(图1)。

一、公园布局

公园内的景点按主题分为自然之美、生态之魂、艺术之光、运动之风四大板块，包含了室内展示区、室外游览区及参与性娱乐设施。由于公园用地位于茶溪谷人流密集的入口区和三洲田水库之间，因此规划布局的重心在于通过合理的流线组织和项目设置，在优化旅游体验的同时凸现其生态缓冲与水源涵养的功能。基于此，园区内人流集中的主体建筑均位于远离水库的北侧入口区，周边自然起伏的山地保持了原有的汇水面，在水库水流汇集区沿线设置大片人工湿地进行生态缓冲与净化，再过渡到原生态湿地。室内展示区主要有四季植物馆、红色方舟廊桥，室外游览区包括四季花田、信息湿地、布兰花园、艺术森林。参与性娱乐设施包括高空观景气球、旋转花车和山地自行车赛道等，它们共同创造了一个自然与人文交汇，艺术与心灵碰撞，生命与绿色依存的多元化空间。

二、主体建筑

1.四季植物馆(图2)

四季植物馆建筑面积约6000m²，是园区内体量最大的建筑。与常规植物馆不一样的是其对空间的立体运用以及智能化控制与多媒体展示技术的应用。

植物馆内通过局部下沉、架空的方式，形成多变的展示空间。入口两层通高中庭处，凌空旋转的巨型地球给游客带来视觉冲击，并自然地将游客视点引至纵览全球的高度。

局部下沉、上部覆网而形成的彩蝶区是馆内的特色空间，不但可以欣赏多种多样的珍奇蝴蝶标本，还可以亲身体验置身花丛之中招蜂引蝶的奇妙乐趣。

半圆形地下室的科普互动空间主要通过多媒体演示和多媒体互动等形式展示生物科普内容。

植物馆的屋顶可根据阳光与气候的变化开合，充分利用自然通风采光的方式，并结合人工雾化系统，调节馆内的温度与湿度。

2.花桥广场和红色方舟(湿地廊桥)

(1)花桥广场

花桥广场是整个湿地花园里的主轴线，贯穿了从入口广场至湿地廊桥的整个空间。

花桥广场的造型源自花朵，一个个花瓣构筑了人流的中心节点，给人们游憩提供了丰富的趣味性场所。如花撒落地面，灵动、有趣，又充满了花信的期冀(图7)。

(2)红色方舟(湿地廊桥)

太阳能红树形成了靠近红色方舟（湿地廊桥）错落有致的现代景观构筑群，是湿地植物红树林的抽象化。一路走去，角度多变的枝丫，连续反复的红色给予人新的感受。红树顶端置放的红色太阳能板进行能源收集，以利用于场地之中，形成特有的生态构筑。

红色方舟(湿地廊桥)具有雕塑般的红色钢构，是简洁又不失细部的装置，纵向延伸，直至水域，仿若水中方舟(图3~5)。

城市的迅速扩张和经济的快速发展，导致生态危机的出现和持续。深圳东部华侨城湿地花园的区域特性决定了该案的意义已经不仅局限于景区娱乐休憩的范畴，而在于更大意义上的生态文明建设和生态教育。方舟构筑采用警醒的红色和充满视觉凝聚力与震撼力的方舟骨架般的构成语言，在水畔序列展开对生态理念的感性显现。并取用圣经《创世纪》中诺亚方舟(Noah's Ark)的传说之名和造型，隐喻对生态危机和生态灾难的拯救。装置逐渐脱离了船舶写实造型和形似的追求，捕捉方舟骨架间自然光影和色彩变换的效果，形成富有变化的空间表情、丰富的自然光线和活跃的信息湿地体验空间。

红色方舟把自然与文化、形式与功能、生态与娱乐真正全面地融合，形成了最具想像度、动态的、可参与的户外生态博物馆和多种涵义的载体。其可以是观景平台，同时亦作为展示空间利用。动物展示和各种电子信息互动使红色方舟(湿地廊桥)功能重叠多变，令游人从全新的视点观察湿地，诠释湿地。这是一次关乎生态娱乐和生态教育的设计。

廊桥末端特别设计了一面环保许愿墙，它是由凹凸锈蚀的钢板、触摸屏及显示系统共同构成的电子纪念碑。游客可在触摸屏上写下自己的环保誓言和心愿，留言将被长期保存，并以动画的形式显示在墙上。新颖的互动体验达到了寓教于乐的目的。

3.深圳东部华侨城湿地花园红色方舟

4. 深圳东部华侨城湿地花园红色方舟细部
5. 深圳东部华侨城红树顶端放置的太阳能板

三、大地景观与艺术空间

园区内摒弃了常用的微观人工造园手法，以自然山水为背景，结合大地艺术的创作方式进行了大尺度的地景造形。

大地艺术具有三种有别于普通景观艺术的基本创作方法：第一，选择大型的场地进行创作，作品和场地合二为一，场地是表现作品的媒介；第二，直接运用自然材料进行艺术表达；第三，艺术品的全部或部分和某种自然现象如潮汐、风力、日出、日落等产生互动关系，并且对这种互动变化的过程进行艺术化处理。

以四季花田为例，场地充分体现了大地艺术的创作手法：其总占地约3.2万m²，利用地形的自然起伏而形成的多维曲面，披覆30余道色彩缤纷的植物彩带，包括29种原生花卉与灌木品种，南北呼应、首尾相连，并可根据不同的季节和活动布置不同的艺术装置，游客可在其间徜徉观赏。

湿地花园人工湿地也是生态科普功能与大地景观巧妙结合的范例。人工湿地总面积超过2万m²，由缓冲沉淀池和人工湿地植物池组成，系统主要处理流入花园湖受面源污染的地表径流，同时改善湖泊水生生态种群结构，控制藻类，保持湖泊良好的水质和景观效果。湿地景观采用点、线、面相结合的原则。湿地中分布着以风车草、再力花、花叶芦笛、富贵竹、香根草等多种挺水植物组成大面积的绿色浮岛，原木搭建的湿地浮桥总长度620m，水中错落点缀着艺术雕塑，漫步在浮桥上可以悠闲地欣赏湿地生态景观（图6）。

以花田湿地为背景的生态空间极大地激发了艺术创作的想像度和当代艺术思想的开放活力。湿地花园开放后已成功举办了包括大地装置艺术"筑·巢"及"移民与海"主题雕塑展在内的多个艺术活动。

6.深圳东部华侨城湿地花园人工湿地

7. 深圳东部华侨城湿地花园花桥广场上的"花朵"

四、游乐设施

为了丰富旅游互动体验，湿地花园内因地制宜设置了三个游乐项目：

1. 载人观光氦气球

这是一种理想的环保立体观光载体。球体直径约为23m，可承载30人。随着气球缓缓升至150m高空，乘客可将茶溪谷的美景尽收眼底，同时色彩绚丽的球体本身也是一个标志性景观。

2. 旋转花车

直径2m的花车为典雅的花冠造型，其轨道全长230m，采用低噪无污染的电力驱动方式，可以载着游客在五颜六色的花海中徐徐旋转前行。

3. 山地自行车项目赛道

全长3.3km，宽3m，是深圳第一条观光环保专业山地自行车赛道，路面采用透水性彩色混凝土材料，美观环保，游人可充分体验户外运动的魅力。

五、生态环保示范及生态科普基地功能

湿地花园在水处理、垃圾处理、大气监控与净化、环保交通、太阳能应用技术、环保照明技术系统、环保材料的应用等方面进行了大量的探索和试验。通过引进国际先进的环境保护理念和技术，该项目不仅在景观规划设计上成为了精品，而且在生态与环境保护、发展循环经济方面也成为了业界的典范。

1. 水处理及循环系统

（1）人工湿地采用生态砾石床水质净化技术，是自然界水体自净原理的人工强化，在传统的生物接触氧化法中体现出自然生态的理念，因而具有生态工程学技术的特点。其安装方式是在一定设计尺寸的槽体内，按照一定的级配，放置一定厚度的生态砾石作为填料。在生态砾石层上部覆盖通透性土壤，并种植生态草坪，使受污染的河湖水体以一定流速流经砾石填料，让砾石填料上的微生物得以生长繁殖。通过砾石填料、生物膜及植物对水中污染物质的物理、化学、生物等多重作用机理达到水质净化的目的。

湿地花园生态砾石床系统占地总面积3000m²，填料总量为6000m³，设计处理能力为30000m³/天。湖水最后通过生态砾石床系统处理后流入三洲田水库，系统设计出水水质达到国家《地表水环境质量标准》（GB3838-2002）中的Ⅲ类标准。

（2）污水利用：污水经处理站处理后达到《城镇污水处理厂污染物排放标准》（GB18918-2002）中的一级A标准，处理后出水再经深度处理，可直接回排到山体原生植被区，不仅实现了原生植被、植物的根部浇灌，也实现了水质的再净化与吸除处理。之后再自然流入湖内，实现水资源的循环利用。

（3）建立水生生态链和陆地动物生态链，改善生态链质量。为使景区湖水保持晶莹清澈，运用蚌类、螺蛳、鲢、鳙鱼等动物来消化水中的藻类、微生物，去除水体中富余营养物质，同时摄食蚊子的幼虫及其他昆虫的幼虫。通过建立菌→藻类→浮游生物→鱼类的水生食物链达到水质净化。还通过在树木上、湿地上人工筑巢，吸引更多的鸟类以及白鹭、雁鹤等珍稀飞禽来此栖息，参与区域环境的生态循环，凸显生态、自然之风情。

2. 环保能源及节能技术

（1）太阳能具有资源的广泛性与良好的安全性，是21世纪最重要的可再生能源。园区将旅游景观与可再生能源利用融为一体，在建筑外墙及景观雕塑上安装太阳能发电板，平均每天发电120多度，通过并网控制自动开关的方式，补充园区内用电。

（2）园区内共安装有90座风光互补路灯，利用风能和太阳能，便可为园区提供照明功能。

（3）景区道路照明系统采用节能控制系统，并整体采用T5荧光灯、LED灯、无级灯与节电器相结合的方案，总体节电率达40%~60%。

3. 环保运营（材料、交通、管理）

（1）构建景区内部绿色交通系统，建筑施工材料以及道路、标识选用环保节能型的材料。

（2）建立个性节约化管理机制，使景区走入资源节约型、环境友好型的良性运作循环。

（3）建立旅游区重要环境因素（主要是水环境）应急预案和应急响应程序与措施。

4. 气象与环境监测

正在筹建的气象站和环境监测站也将成为另外一个科普站，通过对天气、水质、大气质量、土壤、负氧离子含量、重金属离子含量、水土流失、绿色植被覆盖率等进行实时监测，时刻监督环境保护工作。同时，向游客和员工普及气象、环境保护、循环经济知识，宣传防灾减灾、环保、循环经济等措施，引导人们关注环境污染，爱护环境。

对于日接待量数以万计的旅游景区，仅在建设中遵循生态环保、循环经济原则还远远不够，重要的是应该把生态环保思想、方法和效果及其深远意义进行广泛传播，使游客能够主动地接受绿色环保主义思想教育并将其向更广的领域扩散。湿地公园设有多媒体的科普教育互动活动平台，集科普教育与趣味性的宣传活动于一体，扩大了游乐空间和遐想空间，取得了良好的宣教效果。

*除图片标注外的摄影：匠力建筑·装饰摄影设计 陈勇

参考文献

[1]吴志强，吴承照. 城市旅游规划原理. 北京：中国建筑工业出版社

[2][英]曼纽尔·鲍德-伯拉，弗雷德·劳森. 旅游与游憩规划设计手册. 北京：中国建筑工业出版社

[3]刘聪. 大地艺术在现代景观设计中的实践. 景观中国

作者单位：乔晓燕，深圳东部华侨城有限公司
　　　　　张黎东，泰州华侨城

深圳东部华侨城天麓

Tian Lu Project in Eastern Shenzhen OCT Area

深圳东部华侨城有限公司 SHENZHEN OCT EAST CO., LTD.

发 展 商：深圳东部华侨城有限公司
　　　　　深圳华侨城房地产有限公司
建筑设计：新加坡SCDA设计公司
　　　　　华森建筑与工程设计顾问有限公司
交通规划：加拿大EKISTICS设计公司
景观设计：加拿大ALD景观设计公司

深圳东部华侨城天麓一区	深圳东部华侨城天麓二区	深圳东部华侨城天麓七区
占地面积：82899.18m²	占地面积：约90145m²	总用地面积：约139790.74m²
建筑面积：8269.97m²	建筑面积：约16900m²	总建筑面积：约17600m²
容 积 率：≤0.1	容 积 率：0.18	容 积 率：≤0.13
建筑覆盖率：≤15%	建筑覆盖率：9.49%	建筑覆盖率：15%
栋　　　数：20栋	栋　　　数：44栋	总 户 数：56户
户型面积：241~730m²	户型面积：250~680m²	户型面积：188~1100m²
停 车 位：40个	停 车 位：88个	停车单位：80个

[摘要] "深圳东部华侨城天麓"是位于深圳盐田区三洲田生态旅游区内的顶级低密度住宅项目。它依托优美的自然环境与独特地形，以"开放与简雅"为概念，通过对空间、光线、结构与秩序的纯熟把握，达到了生态住宅与大自然和谐的完美境界。

[关键词] 深圳东部华侨城天麓、低密度、生态平衡、环保

Abstract: Tian Lu Project in Eastern Shenzhen OCT Area is a low-density housing project located in the ecological tourist area in Yantian District, Shenzhen. Situated in a beautiful landscape with special geographic features, it makes "open and elegant" its core concepts. Through the manipulation of space, light, structure and order, it achieves a harmonious relationship between ecological living and nature.

Keywords: Tian Lu Project in Eastern Shenzhen OCT Area, low-density, ecological balance, environmental protection

一、总体区位介绍

"深圳东部华侨城天麓"位于中国深圳盐田区三洲田生态旅游区内，盐坝高速北侧。绵延起伏的山峦、陡峭的山坡、宁静的湖面构成了开发地的自然风景。人们可凭山远眺，俯视梅沙片区中心、梅沙海滨浴场以及地处海拔250m高地的山坪水库。自然风景优美，地形独特，是建设顶级低密度住宅区的理想地段。

二、总体规划设计

"深圳东部华侨城天麓"设计的核心是以"开放与简雅"为概念。整个项目的规划设计始于仔细的审查研究，包括对地块的总体意念构想，从中抓住"这块土地"的精髓和灵魂。

一切精致纯粹的设计，都来自于对空间、光线、结构秩序的把握。建筑设计是基于简单的结构布局原理，再以严谨和清晰的语言表达空间。

1. 山体资源是本项目最重要的自然资源。

2. 总图设计概念是在环保的前提下开发、保护并充分利用现有的山脊和陡峭的山坡，建设一个生态平衡概念的山海豪宅区。

3. 充分利用自然的山地地形，营造建筑间错落有致的视觉感受，同时提供住户欣赏山海景观的最佳角度，使整个社区与自然景观达到天人合一的境界。保护山脊的设计理念保证了园区中自然葱郁的山脊线不被建筑物取代。这

1~11.深圳东部华侨城天麓一区实景

个山地建筑设计理念将被融入到四个地块的开发中。

4.对开发地的坡度进行细节分析,从而充分理解现存的坡地对项目开发的有利点和限制性,使我们在设计中能充分地对其自然条件扬长避短,使整个社区建设和自然环境能有效地统一起来。同时,以保护旅游区的生态环境为前提,最大化利用土地资源和旅游区内出色的山海景观,营造环保概念的至尊豪宅区。

5.由于项目所在地的独特山地条件,我们提出了减少建筑占地面积,室内景观资源最大化等克服山地开发难度的建筑设计方案。这几种方案对车库设置和交通,以及空间组合等进行了不同角度的分析,保留了山脊的自然坡度,同时充分结合整个住宅模式并利用了自然景观。

6.所有的单体低密度住宅建设都仔细地结合山地地形,充分保护现有山脊和山谷的自然风貌,并保留群山轮廓的连续性。大部分户型采用下坡形式,尽量避免上坡户型的建设。

7.根据开发地形产生的高差,我们把其划分成不同的高差并加以景观、朝向、交通、开发限制等的分析。设计的主要理念是巧妙地将建筑物融入到陡峭的坡地中,并充分保证了住宅的朝向、可达性和私密性;有机的道路和建筑物分布规律让建筑物完美地与坡地自然现状结合。

8.空间整体布局兼顾日照、景观、地势等因素,最大限度地利用有利条件,弱化不利因素影响,保持原有的地形地貌特征,并使之成为建筑、景观的一部分。

三、造型设计

低密度住宅之间的距离、体量及造型都有严格要求,使之与山水环境融洽协调。整个园区的规划上采取回转序排布局,使建筑曲线与山体的曲线相吻合,避免了与山际线的视觉冲突,对环境价值有所提升。尊重景观环境,为了保留原生态的自然,采取"保护性开发"思想,将开发置于大环境中去考虑,尽可能不去破坏一草一木,所有低密度住宅均沿坡而筑,仿佛从山水中原生一样的感觉。

用生态学原理,遵循生态平衡及可持续发展的原则来进行设计,组织住宅建筑室内外空间中的各种物质因素,构筑无污染、生态平衡的建筑环境。一是自然环境,如空气、水体、土地、绿化、动植物、能源等,二是住宅区的人文环境、经济系统和社会环境。以使该地形成森林、溪流、果园筑成的纯生态天然氧吧,将此项目造就成一个纯生态山地低密度住宅园区,达到生态住宅与大自然和谐的完美境界。

*摄影:匠力建筑·装饰摄影设计 陈勇

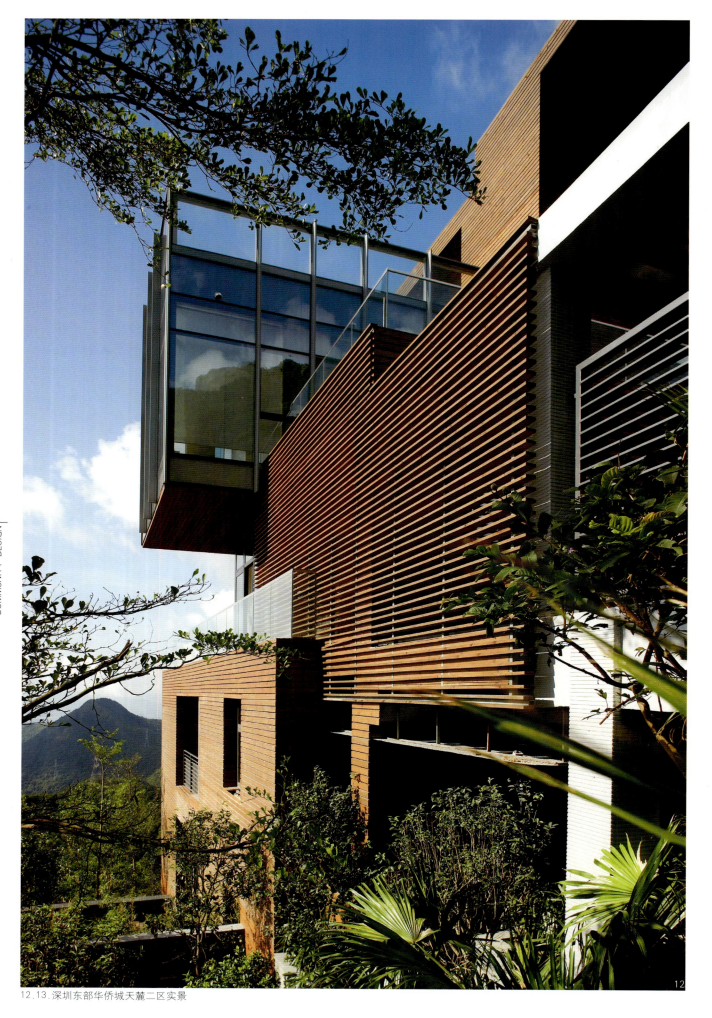

12.13.深圳东部华侨城天麓二区实景

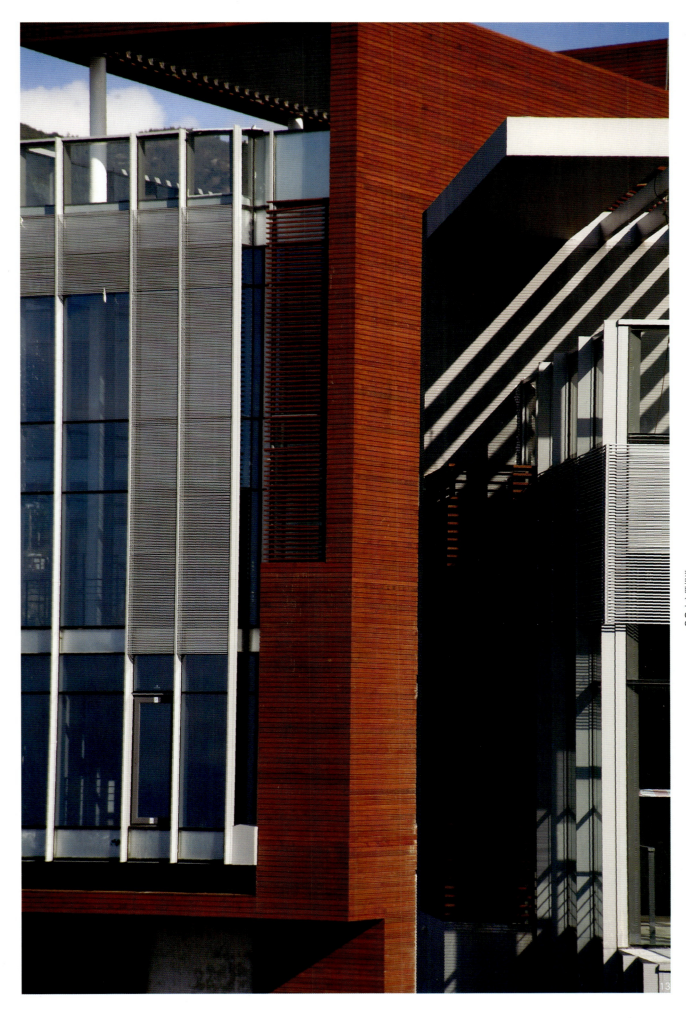

14~26. 深圳东部华侨城天麓七区实景

斯洛文尼亚的社会住宅
Social Housing In Slovenia

范肃宁 Fan Suning

一、斯洛文尼亚的住宅市场

斯洛文尼亚共和国国土面积20000余平方公里，人口约200万，有68万处房产和77万套住所——其中仅有66万套有人居住。与其他中欧国家所经历的转变一样，向市场经济的转变也给斯洛文尼亚的住宅领域带来了巨大的变革。但与其他国家相比，斯洛文尼亚的社会性住宅私有化问题相当普遍。个人所有住宅和用作出租的私有住宅所占比例分别为66.9%和33.1%。

斯洛文尼亚在20世纪90年代初期的住房私有化改革进程中，有约6万多套社会性住宅售出。租户的比例从1991年的31%下降到1993年的11%。到了2004年，这一比例降到了10%以下，其中包括7%的社会性出租住宅和3%的私人出租屋。社会性住宅私有化后的资金分布情况为：10%归赔偿基金会，20%归住宅保障基金会，70%归原来社会性住宅的股权人(公司或者各地方政府)。在住宅私有化改革完成后，个人所有住宅和用作出租的私有住宅所占比例分别达到了88%和12%，前者的比例大大提高了。而政府撤出住宅市场领域之后，直接导致的结果就是住宅建设量的萎缩，因此使得房屋供应量不足。斯洛文尼亚政府在房屋政策的制定方面所面临的主要问题，就是在需求量猛增之后，租赁房屋数量的严重匮乏。

改革当然导致了原来一些机构的撤销，新住宅的建设量因为受到政策和财政的影响而缩减，复杂繁琐的手续所导致的缺少建设用地也使得建设活动非常艰难。然而，私人住宅的建设量却没受到任何影响，因为这样的住宅主要是由单个家庭进行建设的。而另一方面，对新住宅的需求量却由于全国稳定的经济形式和低膨胀率而大量增长，这直接导致了房价的迅猛上涨。首都卢布尔雅那(Ljubljana)的房价从1996年到2005年以每年5%~7%的速度上涨。这一时期，国家住宅基金会的低利率贷款供不应求，进入市场的资金也导致房价的进一步上涨。与其他变革中的国家相比，斯洛文尼亚的住宅消费与人民收入之比成为全欧洲最高的地区之一。其中等住宅的价格与人民收入比为7.0，而波兰只有3.2，捷克为5.6，匈牙利为5.7(2004年的统计数据)。

不断攀升的房价使低价住宅的市场不断加大，而住宅保障基金会所面临的挑战就是如何保证进一步增加廉价房和廉租房的供给。为了这一目标，政府制定了两个新政策。其一就是国家住宅公共基金和国家住宅保障基金分别在1999年和2001年转变为房地产基金，从而使得它们能够开始自己投资住房建设。这一政策是为了迫使银行在住宅资金供给方面增加竞争力。

二、斯洛文尼亚的社会住宅

斯洛文尼亚在租赁房屋的种类方面有些特别。在1991年的住房改革实施之后，其租赁房屋就被分为三类，一类是以市场价可自由租赁的住房，一类是由政府运作并控制租金价格的非盈利性住宅(non-profit flats)，还有一类就是针对低收入人群的社会性住宅(social flats)。

非盈利性住宅和社会性住宅的房屋品质与地理位置没有任何区别，因为斯洛文尼亚有效地推行了住宅建设的统一标准。二者惟一的区别就是租住公寓的住户的资格问题。政府的政策规定，非盈利性住宅的受用人群是那些没有能力购买或是建造属于自己的房子，但是在经济上并不贫穷，还是具有一定的物质基础的。而社会性住宅的受用人群则是社会最低收入群体。

国家在社会性住宅供给方面所扮演的角色主要是法规政策的制定——住房改革，国家住房工程，住宅公共基金等都能够让斯洛文尼亚共和国国家住宅基金会执行国家的住房政策。国家住宅基金会是受法律约束的法人，它有权

1. 泰瑞斯社会住宅
2. 650社会住宅
3. 购物中心屋顶公寓社会住宅

利和义务执行国家颁布的住房改革措施。它以共赢互利为原则，通过低利率贷款来为国家住房工程、住宅改造和维护提供资金。斯洛文尼亚在社会性住宅保障体系中的关键角色就是各地政府和非盈利性的住房机构。住房改革制度规定各地政府具有建设、分配、运营社会性住宅的责任。各地政府通过建造新住宅、收购低价住宅、置换以及改造老住宅的方式增加社会性住宅的供应量。

住宅供给也掌握在非盈利住宅机构手中——这是具有保障大众在住房领域中公众利益的法人。它通过各种渠道获得非盈利性住房的资源，再负责把它们租赁出去。而最重要的是它们在掌握其他住宅资源的同时，还拥有一批产权属于自己的公寓。正是因为这一角色，非盈利性住宅机构才享有特殊的好处，诸如：财政预算的津贴或是捐赠，由国家住宅基金会筹集的低息贷款，各地方政府的资金拨款，以及优惠的土地政策和贴息免息等福利。

目前，斯洛文尼亚面临着住宅短缺的问题，也正竭力地进行解决。主要是预备通过一系列措施来使其得到缓解，比如大规模建设，改造并延长老建筑的使用寿命等等。然而，政府能否提供足够的房屋，尤其是社会性住宅很大程度上还是取决于政府的财政水平。

结论

在斯洛文尼亚首先发生的住宅私有化就是1991年的社会性住宅私有化。但在此之后长达10年的时间里，政府把住房问题放在了不太重要的位置。这一时期中，住宅基金只是作为房地产运作的角色出现。直到最近（2007年），基金已经在住宅贷款的供给和非盈利住宅组织中占据了主导地位。但是在供应量不足需求量却显著增加的情况下，房价迅速上涨。而斯洛文尼亚抵押财政的发展使得基金会从对个人的租赁上升到自己开发和建设。今天，为了促进住宅建设，基金会已然成为非盈利住宅项目的资金提供者和建设者。

而这种转变主要是由国家住宅公共基金项目的设立推动的。但是国家住宅公共基金最初的目标看起来似乎相当短视。这一项目吸引大量的人进入自己的借贷链，因此在2004年形成价格泡沫。而其带给政府的压力则迫使其对仅靠需求控制而无政府管理状态的房地产开发引发的房价攀升进行反思。

新的宪法制度缩短了政府审批手续，因此促进了土地市场的发展，也进一步带动了抵押贷款的金融市场，这都对建筑业产生了有利影响。而在整体经济较好的发展趋势下，房价的状态似乎与无政府状态所导致的结果没有什么不同。但最重要的不同点则在于经济基础的发展，住宅基金会在房地产市场的资金供给方面扮演了重要角色，因此对未来的发展前景也起到了推动作用。

整体经济环境的改变当然也对经济活动产生了影响。一旦贷款利率低到某点，就会吸引人们在住房上加大投资。2005年，斯洛文尼亚的贷款利率不再提供种种优惠制度，而存款利率对投资者来说变得更加具有吸引力。于是资金不再流入房地产，政府的政策不再是补贴住房，而是其他的消费领域。因此，国家住宅公积金的贷款也就少有人问津了。

未来的发展很可能是政府的调控政策渐渐淡出。通过2007年加入欧洲货币联盟，银行系统将会面临更加激烈的竞争，也很有可能成为最普遍的住房资金供给方。政府也很有可能不再限制贷款利率或者是给特殊购房者加以补贴；而公积金则最有可能在尚未成熟的次级贷市场以及非盈利性住宅方面扮演重要角色。

作者单位：北京市建筑设计研究院

斯洛文尼亚的政府津贴住宅设计
——代表两个不同发展方向的斯洛文尼亚青年建筑师
Subsidized Housing Design in Slovenia
Two Directions of Development of Young Architects in Slovenia

玛嘉·瓦德坚 *Maja Vardjan*

面对严重的住房短缺和自由市场经济下的极端不合理的高房价,斯洛文尼亚政府启动了住房保障政策,由国家住房基金会(Slovenia Housing Fund)提供资金供给。各地方政府也出于相同的考虑推进社会性住宅工程。在该政府策划发起的许多建筑设计竞赛中,年轻的建筑师事务所或设计团队多次胜出。新的住宅设计方案外观新颖现代,但这些新住宅真地能够改变传统的居住模式,发展出新的居住理念吗?

斯洛文尼亚的住宅产业看起来似乎并不打算进行实验。商业压力也仍然倾向于根植在集体主义者脑海中的经过长时间考验的建筑模式。投资者在许多方面都对建筑设计有严格的要求,诸如造价、户型面积、户型比、房间的净高以及许多其他陈腐的设计参数,因而使得住宅千篇一律毫无变化。甚至所谓的改革计划也以"大众意识"中的住宅原型为基础。除了干巴巴的尺寸数字外,建筑师还有什么余地进行创新呢?

位于卢布尔雅那市郊的波列社会住宅(PoljeSocial Housing)则是一个特例。规划的兵营式排列的6栋独立住宅如何与原有环境协调的城市空间设计不是一件容易的事。但是BPA事务所(Bevk Petrovic arhitekti)的两位主要负责人Matija Bevk和Vasa J. Petrovic却把苛刻的限制当作挑战,创造出远高于平常的非盈利性廉租房标准的居住品质。由于彻底改变现有的城市规划是不可能的,因此BPA对建筑之间的内部空间进行调整。他们在楼宇之间设计了一个小公园,一个精心设计的儿童游乐场,使得景观成为建筑设计的一部分。悬挑的阳台也成为室内与室外空间的接触器,私密与公共空间在这里互相转化。78套社会住宅是根据规则的要求进行设计的,但是BPA仍然尝试了新奇的设计手法,顶层的一居室空间出乎意料地高,成为真正的奢侈空间。

波列社会住宅由卢布尔雅那政府资助,而另一项目——伊左拉住宅则是国家住宅保障计划的一部分。由于

1. 波列社会住宅区
2. 伊左拉社会住宅区

30套住宅是用来销售的,因此资金预算相当苛刻。非盈利性住宅的土建造价是每平方米600欧元,换算成房屋售价就是每平方米1250欧元。Ofis事务所(Ofis architects)的Rok Oman对平面户型进行了细致认真的研究。在已经确定轮廓线的住宅体量中运用模数化的设计方式,获得了使用功能最优的空间和最大的可销售面积。公共空间被压缩至最小从而将每平米的价格降至最低。在建筑的内部空间设计处理妥当之后,Ofis将注意力转向了建筑外立面。阳台成为了半封闭的敞廊,外侧安装有彩色的遮阳板。这种充满趣味的视觉游戏让建筑体量变得过目难忘,引起了当地居民甚至是专业同行间的热烈讨论。BPA和Ofis,是斯洛文尼亚新涌现出的青年建筑师的两个代表,他们朝着不同的美学方向前进。他们在建筑立面上进行的实践也获得了两种完全不同的视觉感受和体验。Ofis的彩色阳台这一充满想象力的设计更加富有魅力,使建筑体量获得了独一无二的形象特征,并且已经成为一种标志;而BPA的建筑体量则充满了实用主义的自然与朴实,工业水泥板上的铁轨颜色形成了内敛的自我世界,而同时也与周边的铁路线产生了某种联系。但Ofis却像服装设计师那样在工作,为建筑体量裁剪缝合出富丽堂皇但与环境没什么关联的外衣。

不幸的是,建筑师的创造力和专业技巧并没能够渗入室内。严格的建筑规章没有给过渡性的富有变化的空间留有任何余地。Nouvel和Lacaton & Vassal都认为真正奢侈的生活就是在家里塑造空间,而这一理念看来还未进入斯洛文尼亚社会性住宅的设计规范中。

在伊左拉住宅旁边,一栋由Ofis设计的独特建筑正在建设中。当我参观该处时,这栋建筑还没有完工。没有色彩的混凝土体量和悬挑的储藏阳台与它旁边富有趣味的兄弟建筑没有任何共同之处。没有创新点,没有视觉趣味性,也没有故事。这正是一个无声的警告,刚性的市场需求导致了斯洛文尼亚住宅产品的单调与局限。

波列社会住宅
Polje Social Housing

建筑设计：BPA建筑事务所(Bevk Perovic Arhitekti)
建设地点：斯洛文尼亚，卢布尔雅那(Ljubljana)
设计年代：2002～2003年
建造时间：2003～2005年
业　　主：住宅基金会
用地面积：7500m²
建筑面积：13570m²
建筑规模：6栋共78套社会性住宅

　　建筑师总是在探索新理念和新形势。但有时候，设计手法有意识或者无意识地受到了别人作品的启发，解决方案处在"襁褓中"等待着实现的机会。在这种情况下，同样的设计很可能会在同一时间在不同地点实现。David Chmelař 设计的捷克Police nad Metují小公寓住宅方案和卢布尔雅那的波列社会住宅的悬挑阳台就是例子。这两个住宅有很多的相似之处。Polici的住宅是棕褐色的，而卢布尔雅那的住宅是暗红色的，两个方案的屋面都向外悬挑，并且都是低造价小户型住宅。

　　BPA建筑事务所(Bevk Perović arhitekti)是卢布尔雅那年轻的设计事务所，近几年已经发展成为斯洛文尼亚最出色的事务所之一。他们最新的作品波列社会住宅获得了2005年The Plečnik's prize奖，这是斯洛文尼亚的最高建筑奖。让人瞩目的不仅是其作品的高品质，而且还有他们在完成一个接一个的项目中所表现出的高效和创造激情。

　　波列社会住宅远离市中心，因为这里的土地价格比较合理。投资者是卢布尔雅那市政府，他们负责将公寓租赁给社会保障的低保家庭。这样的住房价格需要尽可能地低廉，同时业主还希望住宅不但能够耐久并且可以保持较低的运转和维护的费用。政府还要确保租户来自不同的社会阶层，以避免住宅区成为某种族聚集地。10%的公寓要求按照无障碍的标准设计，位置设在首层。住宅离铁路线较近，距离主要的火车站也不远。出于这些原因，建筑师从火车车厢上受到了一些启发。建筑立面上的红色以及其他一些细部设计都来源于此。

　　建筑师并不能改变住宅的地理位置和朝向。住宅的高度和屋顶的坡度也有严格的限定。因此这受到限定的建筑体量就根本没有办法满足任务书所规定的设计要求。尤其是顶楼的高度比规范允许的住宅最低净高要低。任何人都会提出为什么重要的城市总体规划会做出这样不合适(可以说是愚蠢)的方案。但不论如何，建筑师必须遵循它。他们的解决方案是在顶楼用斜屋面形成局部高起的空间，因而建筑获得了更富有雕塑感的体型。

　　6栋住宅楼中共有78套公寓。小公园位于住宅区中央，每侧各有3栋楼。小公园的设计目的是成为较小的居住空间的扩展。出于这个原因，小公园被分割成了几个不同的功能区，以便进行玩耍、体育运动以及其他的社会生活(如野餐等)。不同的地面材料强调出不同的区域：砂子、木地板、沥青路以及草坪等，区域之间用小型的灌木带进行分割。为了避免噪声和吵闹，所有的室内空间都与室外公共空间隔离开来。

　　建筑入口都朝向中央的小公园。事实上，每栋建筑都有两个入口。"主入口"和后侧的"次入口"。后者成为有顶的自行车停放处，因此避免了自行车拥堵到主入口

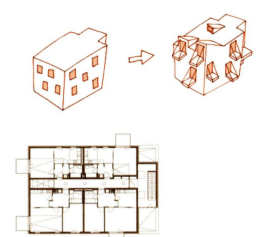

前面。建筑师在走廊上也做足了文章。走廊都是明的（黑走廊不太安全），首层末端设有窗户，而楼上此位置则设有阳台，用作采光和通风。户型都已经做到最小了，但是仍然能够满足租户的各种需要。例如，他们可以取消厨房和起居室之间的活动隔断，以获得更大更完整的空间。建筑师还设计了阳台，这并不是为了增加功能面积，而是使室内面积从视觉效果上有所增加。正是这个原因，阳台的设置方式不是普通的一个落一个，这样便可防止租户使用附加构件将它封闭起来。阳台由从外立面上悬挂的预制混凝土板制成，你会发现这一构造细节与火车上的某一细部非常相似。建筑立面为可通风的爱特饰面板，颜色为暗红色。这种双层墙面的做法并不是最经济的，但是这样可以降低运行费用。饰面板使用铆钉进行固定，较大的铝质垫圈强调了这种固定方式。且不管这一做法的历史渊源，但这让人想起Otto Wagner在维也纳的Postsparkasse，这种处理手法目的是将注意力从不太精美的建筑细部和不均匀的饰面板缝隙上转移开来。通过这种方式，垫圈形成的网格使立面独具特色，甚至能够作为一种装饰。

这样一来，社会性住宅因为一些处理（立面、采光走廊等）获得了在普通住宅中难以见到的令人振奋的"超标准"奢侈氛围。这再一次证明了优秀的建筑不一定预算相同，但是在巧妙的设计手法上却是共通的。

1.波列住宅区远景
2.波列住宅构思模型及平面
3.波列住宅区近景
4.波列住宅区内花园

伊左拉社会住宅
Izola Social Housing

建筑设计：奥费斯建筑事务所（OFIS arhitekti）
建设地点：斯洛文尼亚，伊左拉
设计年代：2003年
建造时间：2004～2006年
业　　主：斯洛文尼亚伊左拉住宅建设基金会
用地面积：2294m²
建筑面积：5452m²
建筑规模：30个单元
建筑造价：585欧元/m²

本设计方案在斯洛文尼亚住宅建设基金会举办的住宅竞赛中胜出，从而得以实现。斯洛文尼亚住宅建设基金是由当地政府运作的一个为年轻家庭提供低造价住宅的基金项目。该设计之所以能够赢得竞赛，除了它的经济性、合理性和功能性的原因之外，很大程度上还因为它找到了平面布置灵活性和相对最大可销售面积之间的最佳平衡点。当签署设计合同时，设计师还被迫签订了将单元式建筑立面的造价控制在每平方米600欧元（约合人民币6200元）的限度内。

建筑用地是两块60m长、28m宽的长方形区域。建筑组团设在用地中一处高起的山坡上，一侧可以眺望伊左拉山谷，而另一侧则是周围环抱的山脉。

设计任务书要求总户数达到30套，且户型和面积从零居室到三居室不等。每户住宅的面积要求都很小，房间面积都是根据斯洛文尼亚的生活标准所要求的最小尺度。公寓户型内部没有承重结构，为户型的重新改造提供了可能性和灵活性。

由于建筑体一侧临山，一侧面向山谷，受到了周边环境地中海气候的影响，因此遮阳也成为非常重要的设计因素。

该方案为每户住宅设计了蜂窝状的阳台，这一有遮阳作用的空间一方面使室内外空间得以联系，另一方面也促进了自然通风。

彩色纹理式遮阳构件不但赋予阳台和住宅私密性，而且其半透明的效果还让住户能够更好地享受山谷的自然景色。阳台两侧的穿孔侧板也是为了让夏日的微风自然流动。而遮阳板鲜明的色彩也为每套公寓营造出不同的氛围。位于阳台一侧的空间是预留的空调室外机的位置。从建筑外观上，面积较小的公寓给人的视觉感受变大了，这都是因为纹理式的遮阳棚产生出一种透视效果，从而使一部分室外空间也纳入到了室内。

阳台模块是为公寓提供遮阳和通风的重要构件体系。安装在阳台体量前方的彩色纹理构件与阳光照射角度垂直，并且围合出了一个作为"空气缓冲器"的空间区域。夏季，位于遮阳板后侧积热区的空气便通过阳台两侧隔板上的孔洞自然流通。冬季，这个区域内较温暖的空气又成为公寓的保温层。

1. 伊左拉社会住宅构思理念——蜂窝
2. 伊左拉社会住宅平面图
3. 伊左拉社会住宅阳台体量
4. 伊左拉社会住宅远景
5. 伊左拉社会住宅蜂窝状立面外观
6. 伊左拉社会住宅蜂窝状室内与遮阳窗

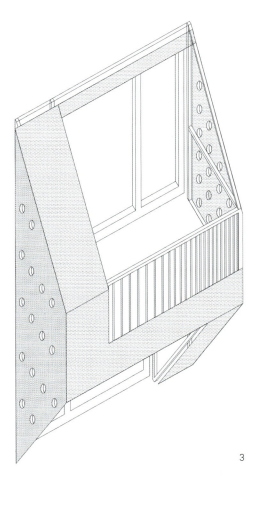

3

4

5

6

泰瑞斯（俄罗斯方块）公寓
Tetris Apartments

建筑设计：奥费斯建筑事务所（OFIS arhitekti）
建设地点：斯洛文尼亚，卢布尔雅那
设计年代：2005～2006年
建造时间：2006～2007年
建筑面积：5000m²
建筑层数：地上4层，地下2层（停车）
建筑造价：650欧元/m²（约合1020美元/m²）

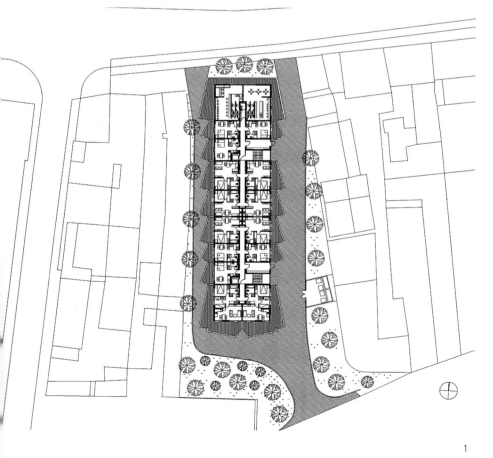

　　这栋住宅作为社会性住宅，建成后将出售给斯洛文尼亚住宅建设基金会。建设用地58m长，15m宽，高度限制为4层住宅。由于建筑朝向嘈杂的高速路，因此将公寓外窗和阳台一齐旋转30°，从而获得正南并且相对安静的朝向。将来，建筑长边两侧还要再盖两栋住宅，因此，建筑两侧不会有正对东西的窗口视线。每套公寓的视野都朝向自家阳台，于是会在室内靠窗位置形成一个接近室外平台的阳光室。这样一来，就避免了公寓之间的对视问题，从而确保了住户的私密性。

　　公寓户型多样，从30m²的零居室到70m²的三居室不等。较大的户型布置在主要朝向，拥有较好的视野和转角朝向。建筑材料都选用经济且品质较好的材料，如橡木地板、花岗石的浴室地面以及中空内置金属百叶的大尺度落地玻璃窗。结构的设计理念追求空间的灵活性，只有分户墙是承重结构，而户型内部则使用非承重的轻质隔墙。

　　在住宅立面建成后，许多人们都将它与电子游戏"俄罗斯方块"联系起来，这栋建筑因此得名。其立面设计的想法其实很简单——就是遵循平面墙体的朝向而已。户型内部的隔墙为石膏砌块墙体，阳光室的外墙是落地窗，其余外墙面则是预制板。外墙面使用三种不同颜色的木制墙板拼合成曲折的纹理。阳台栏板也根据需要分为预制板的和透明玻璃栏板的两种。

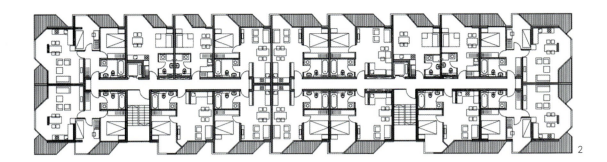

1. 泰瑞斯公寓总平面图
2. 泰瑞斯公寓平面
3. 泰瑞斯公寓近景
4. 泰瑞斯公寓立面细部
5. 泰瑞斯公寓立面细部
6. 泰瑞斯公寓落地玻璃窗及室外敞廊

购物中心屋顶公寓
Shopping Roof Apartments

建筑设计：奥费斯建筑事务所（OFIS arhitekti）
建设地点：斯洛文尼亚，博希尼斯卡（Bohinjska Bistrica）
设计年代：2006年
建造时间：2006～2007年
用地面积：4200m²
建筑面积：7500m²
建筑造价：450万欧元（约合708万美元）

1

博希尼斯卡镇位于阿尔卑斯山地区的博希尼湖旁，镇的中心地区是一大片森林。其拥有朝向山脉的优美景观，但是镇子上的建筑物在20世纪60年代都被毁了。最初业主设定的设计任务书是要在现有用地范围内建造一个购物中心。经过进一步思考，新方案提出利用购物中心的屋顶空间，设计成公寓。该用地周边只剩下一个纺织厂和零星的几栋住宅，纺织厂后来也关闭了，于是在纺织厂和老购物中心的旧址上重新盖起了这个新购物中心，因此其周边的景色并不是很好。

建筑和公寓都面向山脉和阳光。因此，建筑木制的外观因宽阔的落地玻璃窗而显得通透。公寓的窗户朝向楔入建筑体量的阳台。台阶状的建筑体量迎合了周边的环境因素。购物中心上方的公寓呈L形阶梯状分布。迎着强劲的西风和雨雪的立面只在面向封闭阳台的墙面上开有门窗洞口，墙面材料使用灰色木条板——其实是看作垂直屋面进行设计。L形的公寓体量在商场的屋面上围合出一个内部的共享花园。

正立面和朝向内庭院的立面运用不同韵律垂直排列的木墙板，从而获得了较为丰富和开敞的外观效果。松木墙板就地取材，而排成斜向纹理的灰白色石板墙面则是当地用作建筑屋面和墙面的传统材料。竖向木条构成的阳台栏板、外墙面以及遮阳板，形成了建筑南北立面虚实对比通透飘渺的特色。在建筑的东西立面上，倾斜的带菱形纹理的屋面插入为公寓遮风挡雨的垂直墙面中。购物中心屋面则使用了玻璃和钢板建成。

公寓设有多种户型——从40m²的零居室到120m²带顶层阳台的大户型。室内均使用当地的建筑材料，诸如橡木地板、花岗石浴室地面以及大部分的内置金属百叶落地窗。结构设计的理念是使每套公寓户型内的空间获得最大的灵活性，因此只有分户墙是承重的，户内墙体都是非承重的。

建筑结构是由购物中心的结构柱以及仓库和服务区内的承重墙构成的，这一结构形式也同样适用于地下车库。地下室地面为预制混凝土板，而墙体则是砖砌体。

公寓倾斜屋面与建筑顶部的平屋面连接成一体。这样做的目的是为了遮挡屋面上类似于烟囱、透气通风口、空调机等各种设备管道。

1. 购物中心屋顶公寓平面图
2. 购物中心屋顶公寓远景
3.4. 购物中心屋顶公寓立面细部
5. 购物中心屋顶公寓立面近景
6. 购物中心屋顶公寓落地玻璃窗及室外敞廊

扎维斯达公寓
Apartment House Zvezda

建筑设计：Sadar Vuga Architects
建设地点：斯洛文尼亚，新戈里察（Nova Gorica）
设计年代：2004年
建造时间：2004~2006年
用地面积：5182m²
建筑占地：1315m²
建筑面积：10600m²
建筑层数：地上4层，地下1层

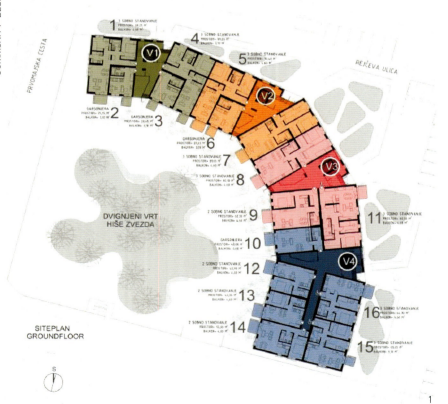

扎维斯达公寓是新戈里察第一栋拥有私家花园、地下停车库的公寓。富有魅力的建筑立面拥有法式的窗户和阳台，顶层设有退台通廊。其建筑设计在三个层次上保证了住户的归属感和识别性：我的住宅、我的共享花园、我的公寓。公寓与两侧街道之间的曲折空间就是共享花园之所在，其成为了住户进行公寓外的社会交流和休息放松的场所。

建筑立面上柔和自然的浅色背景衬托出"窗户"与"阳台"洞口，强调外框的窗洞门洞充满了变化，成为扎维斯达公寓的标志和象征。具有"扩张感的窗户"（Blown-up Windows）使建筑内外两个空间获得了趣味性，成为室内与室外联系的空间镜框。室内空间通过其进入阳台、敞廊以及远处的风景；外部的景观和方位等因素也影响着内部空间的尺度和功能，决定着建筑体量的形态。扩张感的窗户模糊了室内外的界限，模糊了墙体与窗框的支撑关系。

1. 扎维斯达公寓平面图
2. 扎维斯达公寓远景
3. 扎维斯达公寓近景
4. 扎维斯达公寓立面细部

L住宅

Housing L

建筑设计：dekleva gregoric arhitekti
建设地点：斯洛文尼亚，塞扎纳(Sezana)
设计年代：2004年
建造时间：2005年
建筑面积：2370m²

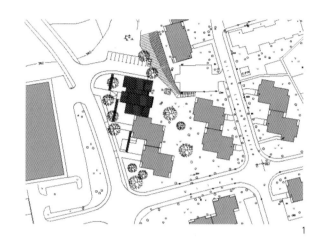

1

2

　　这栋住宅位于塞扎纳小镇的一个商业和工业区的住宅区内，设计师充分考虑到周边已有的两栋建筑体量，并力求使现有环境品质得到提升。"三对一"的设计理念（用3栋建筑替换原来的1栋）使得新建筑不仅是加建，而且融入了住宅区整体，成为其不可缺少的一部分。"三对一"是一个系统化的体量结构，拥有特色的垂直朝向。结构设计手法强调出现有建筑物的外观结构，又加入了倾斜的屋顶这一元素，从而使每个竖向体量获得个性特色。建筑正面的底部朝内弯折，强调了建筑物的街道立面及其入口。

　　建筑立面材料的选择也与原有建筑材料相协调，侧立面的混凝土结构墙体外表覆以装饰面板，而砖墙面则饰以纤维水泥板。

　　公寓户型十分紧凑，向一个嵌入式的外廊敞开，这可以用作储藏空间。外廊在立面上交替出现，这是因为其位置不同，有的是从起居室空间进入，有的是从卧室空间进入。

　　该建筑已成为该区域住宅开发的新建筑形态。

1.L住宅总平面图
2.L住宅平面图
3.L住宅远景
4.L住宅立面近景
5.L住宅楼梯间

编者按：《住区》从本期开始，将陆续刊登专栏主持人楚先锋关于"国内外工业化住宅"的系列文章。该系列文章对工业化住宅的起源、国外工业化住宅的发展过程做了一个回顾，对工业化住宅的本质作了剖析，也对我国工业化住宅的发展状况以及面临的问题作了分析。之所以要研究国内外工业化住宅的发展情况，是希望对我们现在的工业化住宅研究有所帮助，能够带给我们一些启示，从中汲取经验和教训。

国内外工业化住宅的发展历程（之一）
The Path of Industrialized Housing (1)

楚先锋 *Chu Xianfeng*

一、工业化住宅起源

国外工业化住宅的起源，不管是欧洲、日本抑或美国，其原因不外乎两个。

第一个是工业革命。其带来大批农民向城市集中，导致城市化运动急速发展。在1866年的伦敦，曾经有人选择一条街道作过一次调研。在这条街上，住10~12个人的房子有7间，12~16个人的房子有3间，17~18个人的房子有2间。居住情况已经到了令人发指的地步。1910年，在伦敦还出现了一些夜店。所谓夜店，不是现在作为娱乐场所的夜店，而是专门给无家可归的人过夜的一些店铺。它们基本上是人满为患，空间小到躺不下，只能一排一排地坐着，在每一排人的胸前拉一根绳子，大家都趴在绳子上睡觉。

1.伦敦的夜店（图片来源：《欧洲风化史：资产阶级时代》）

第二个原因是第二次世界大战后城市住宅需求量的剧增。同时战争的破坏，导致住宅存量减少，因为军人大批复员，住宅供需矛盾更加激化。在这种情况下，受工业化影响的一批现代派建筑大师开始考虑以工业化的方式生产住宅。如法国的现代建筑大师勒·柯布西耶便曾经构想房子也能够像汽车底盘一样工业化成批生产。他的著作《走向新建筑》奠定了工业化住宅、居住机器等最前沿建筑理论的基础。日本丰田公司在二战以后从汽车行业涉足房屋制造业的时候，其领导人明确提出"要像造汽车一样造房子"。

2. 万科模拟的工业化集合住宅建造场景

具体到国内的现状，中国停止福利分房以后，住宅需求一直持续膨胀。这主要是因为：一、城市居民改善居住条件的需求巨大；二、中国的城市化进程在加速，越来越多的农民涌向城市。这些情况和西方国家发展工业化住宅时的背景有些相似。

作为国内最大的房地产开发商，万科的董事长在2003年也提出，万科也要像造汽车一样造房子。那么，万科是基于何种需求提出这一点呢？万科对工业化住宅的诉求是什么呢？这主要包括三个方面：

第一个方面是公司发展规模的问题。2004年，万科提出要在2014年实现1000亿的销售规模，以后的目标还可能超过1000亿，迈向2000亿。经过分析，结论是如果沿袭传统的建造模式，万科根本不可能完成这一目标。因为这种增长速度超过了万科技术管理人员的培养速度。如果施工现场的技术管理力量被摊薄的话，工程质量又会有所下降。在集团的总体开发规模比较大的情况下，工程质量又有下降，将会导致工程质量问题的总量巨大，出现群诉的可能性增加，这对集团将会是致命的打击。

第二个方面是现在的三农政策引起的问题。胡温新政以后，农民收入持续增长，从而使某些农民不再外出务工。这在许多经济发达地区，比如珠三角等地引起了民工荒。从逐步缩小城乡差距、增加农民工收入的政策大环境出发，人工成本在建筑总造价里面所占的比例会逐渐增加。建筑工人的缺少、人工成本的增加，缩小了工业化住宅与传统住宅建造成本的差别，使我们考虑将大部分的现场作业转移到预制工厂里面去，这给我们推进住宅工业化创造了一个机会。

第三个方面是国家商品房预售政策的改变。鉴于预售的种种弊端，某些地方已经实行预售款监管，意即只有开发商交了钥匙、住户办理完入住手续以后，银行才能把全部预售款给开发商。但有些人在鼓吹取消预售制度，这样一来，能够提高建造速度、缩短建造周期的工业化住宅便成为我们必然的选择。

二、工业化住宅的定义

那么，怎样像造汽车一样造房子呢？

先从造车说起，国内的汽车厂，大部分会有四个车间。第一个是冲压车间，在这里，成卷的钢材被冲压成型，形成汽车各个部位的面板或者配件；第二个是焊接车间，各种需要焊接在一起的冲压件被焊接在一起，然后被送进第三个车间——涂装车间，进行油漆或者叫涂装。以上工序都是一些基本部品、部件的制造。最后是总装车间或者叫装配车间、总成车间，在这里把所有的零部件组装在一起，形成一个完整的汽车产品，再经过调试、检测，合格以后就下线了。我们可以看出，前面三个车间所做的工作，可以不在汽车厂内完成，而采取定单的方式委托其他专业厂家进行加工。

对应房地产，前三个都是构件预制的过程，总装车间则对应现场装配，只不过我们最终形成的产品是住宅。不论是我们外购或是自己生产的构件，最终按照我们的产品设计、生产、建造的房子就是万科牌的房子。

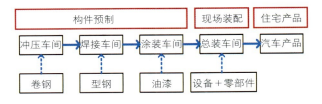

3. 造汽车与造房子的类比

我们再来对比一下传统住宅和工业化住宅的实质，我们为什么要向制造业学习呢？

首先是工业化最能体现大规模生产的优势，这个不需要赘言。

其次是在住宅生产和施工的全过程，用制造业的质量管理体系来进行质量控制，最能保证产品质量的稳定和恒定。这个是我们做几年工厂化以后体会最深的一点。以传统的、手工的生产方式来建造房屋，其质量不能保证稳定和恒定。房屋的质量既跟师傅的手工工艺的水平密切相关，也跟师傅的心情有关。但是在工厂里面，按照流程做出来的东西，每一个步骤都会进行质量检测，即QA，出厂的质量能够保证，这就体现了质量的稳定和恒定。举一个例子，给门窗贴密封胶条，每个人的经验不同、熟练程度不同，胶条贴上去位置便可能有偏差或不平整。但我有一次去参观YKK的工厂，看到几位女工在贴密封胶条，窗框上面有两个小小的突起，密封胶条上面有两个小洞，两者扣起来，分毫不差。这就是通过流程的设计、细节的管理，来保证工程质量稳定的例子。

再次，我们逐渐发现工业化是住宅产业化的核心。人们对住宅产业化的概念早已不陌生。包括生态、高技术、环保、绿色、健康等各个方面，都往住宅产业化这个瓶里面装。但是从我们建筑研究中心这几年来做的工作来看，工业化才是住宅产业化的核心。为什么这样说呢？总部从三、四年前就开始作标准化的部品研究，通过标准化的设计、工厂化的生产来保证部品的质量。但是到现场安装的时候，往往发现现浇系统和标准化部品的精度不匹配。我们曾遇到预埋件定位不准，部品不能按照设计进行安装，还需要重新开凿、钻孔等诸多问题。这是它们精度不同造成的，一个是以毫米计，一个是以厘米计的。

最后是精装修。仅从市场上来看，家装市场已经实现了工业化。从洁具到五金，从地板到门窗、橱柜，全部实现了工厂制造。但如果要订购门窗，厂家还是会到家里量尺寸，再加工，并不能按照图纸给你提供现成的门、窗。这并不是厂家没有统一的规格，而是因为住房实际尺寸和图纸有偏差。实际上，虽然是标准层，但每一套房子都不一样，这就制约了大规模精装修产业化的发展。如果主体不进行工业化，主体的精度达不到工业化装修部品的要求，精装修就不会形成大规模的产业化。这就是我们要使主体工业化的原因。我们走过这样的路，积累了一些经验，认识到工业化是住宅产业化的核心，于是我们跟建设部与深圳市住宅产业化办公室的领导交流这些问题，他们也逐步认识到这一点。但是还有一些开发商，坚持生态是产业化最重要的一个组成部分，现在还没有条件做大规模的工业化之类观点。他们还没有从根本上认识到这些问题。

三、欧美篇

我们先看一下欧美的工业化住宅发展历程。

欧洲以法国为代表。法国是工业化住宅体系发展比较早的国家，使用的绝大部分都是预制混凝土结构的体系。

20世纪50~60年代，是法国工业化住宅的数量阶段。每一个国家发展工业化的早期都是为了解决数量问题，法国也是这样。其主要目标是：解决有无，以及降低住宅造价的问题。在这个阶段，建筑设计由业主委托建筑师设计；大中型的施工企业和设计公司联合开发出"结构—施工"体系；预制件厂根据来图加工制作，模板并不标准，可以根据设计进行加工和调整，构件生产具有一定的灵活性。

这些"结构—施工"体系，虽然有很多实际工程遵循，但是没有形成确定的设计标准。因为在这个阶段，需求量比较大，所以尽管它的构件是按照要求进行的灵活设计，每一套还是有足够大的生产规模来保障成本的合理性。正是因为这些原因，造成这个阶段"有体系，没标准"的情况。

以预制大板和工具式模板为主要施工手段，侧重于工业化工艺的研究和完善，忽略了建筑设计和规划设计。从数量上满足了住宅需求，但是形成了功能单一化的卧城，建筑形式千篇一律。这些问题在该阶段不成问题，因为此时就是解决有无的问题。

但是到了70年代以后，房屋的需求基本上得到了解决，工业化住宅进入了质量阶段，人们开始注重它的质量和性能。大家提出来要增加建筑面积，提高隔热、保温和隔声等住宅性能，还要求改善装修和设备的水平，并改善建筑的形象和居住环境等等。

同时因为需求量减少，建设工程趋向分散化和小型化。没有规模效应以后，预制工厂逐渐衰败。在这种情况下，法国国家住房部开始推广样板住宅政策。

样板住宅实际上就是标准化住宅，设计图纸公开发行，所有厂家都可以生产。从1968年开始，样板住宅政策要求施工企业与建筑师合作，共同开展标准化的定型设计。同时通过全国或地区性竞赛筛选出优秀方案，推荐使用。1972~1975年法国通过了建筑设计和建筑技术方面的创新，进行了一些设计竞赛，最后确定了大概25种样板住宅。这些样板住宅实际是以户型和单元为标准的标准化体系。1973、1974、1975年法国新样板住宅的应用量都在10000户以上，分别是：16200户、20800户、12800户。

万科集团建筑研究中心在2004年就做过类似的标准化住宅定型工作。当时曾经讨论过是以部品，还是以功能模块（如厨房、卫生间、阳台等）或是以整个户型甚至以整栋楼为标准化定型单位。我们知道定型单位的尺度越小，其组合的灵活度越高，最终的多样性越能保证。但是这会导致其生产规模缩小，生产效率降低。经过权衡，最后万科确定的是以户型或者单元为定型单位，这和法国的样板住宅的定型方式不谋而合。这里可以给大家看一个法国样板住宅的例子。

因为受限于住宅生产规模的进一步缩小，即使只有25种样板住宅，其每一种的生产量仍然小到无法维持，最终不可避免地走向衰败。

1977年，法国希望通过建立模数协调规则来建立一种通用构造体系，以解决这个问题。为此，法国成立了构件建筑协会ACC，包括：建筑师同业会、建筑材料、构配件及设备工业协会（AIMCC）、全国建筑承包商联合会（FNB）、设计顾问公司联合会（SYNTEC）、法国顾问工程师协会（CICF）。构件建筑协会的主要工作是建立模数协调规则。

1978年协会制定了模数协调规则，内容包括：采用模数制，基本模数M=100，水平模数=3M，垂直模数=1M；外墙内侧与基准平面相切，隔墙居中，插放在两个基准平面之间；轻质隔墙不受限制，可偏向基准平面的任一侧；楼板上下表面均可与基准平面相切，层高和净高其中有一符合模数。

仅仅看这几句摘要，我们就能感觉到这种模数协调规则表达方式过于复杂，难于理解，并且若按照该规则制定的标准化节点，将使设计僵化。因此，1978年，法国住宅部提出在模数协调规则的基础上发展构造体系。

构造体系是向开放式工业化过渡的手段，它是由施工企业或设计事务所提出主体结构体系，每一体系由一系列可以互相装配的定型构件组成，并形成构件目录。所有构造体系（主体、围护、分隔、设备）符合尺寸协调规则，建筑师可以从目录中选择构件，像搭积木一样组成多样化的建筑，可以说构造体系实际上是以构配件为标准化的体系。刚才我们说样板住宅的体系是以户型和单元为标准单位的，所以在设计上构造体系比样板住宅更灵活，在这种情况下，设计师的灵活性和主动性就增加了。

法国住宅部委托建筑科技中心（CSTB）进行评审，共确认了25种体系，年建造量约为10000户。为了促进构造体

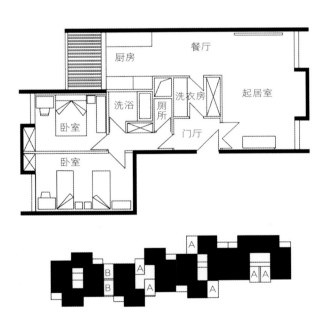

4.法国的DM73样板住宅实例：基本单元为L形，使用面积为69.08m²，设备管井位于中央，基本单元可以加上附加模块A或B，并采用石膏板隔墙灵活分隔室内空间，这样可以灵活组成1~7室户，不同楼层之间也可以根据业主需求灵活布置。规划总平面中，这些基本单元可以组合成5~15层的板式、锯齿式、转角式的建筑，或者5~21层的点式建筑，或者低层的联排式住宅，主体结构为工具式大型组合模板现浇。

系的发展应用,法国政府规定:选择正式批准的体系,可以不经过法定的招投标程序,直接委托,这种政策刺激了构造体系的发展。

法国构造体系以预制混凝土体系为主,钢、木结构体系为辅。在集合住宅中的应用多于独户住宅。多采用框架或者板柱体系,向大跨度发展,焊接、螺栓连接等干法作业流行,结构构件与设备、装修工程分开,减少预埋,生产和施工质量高。这些特点和我们现在倡导选择的技术体系非常相似。以下是一些构造体系的实例。

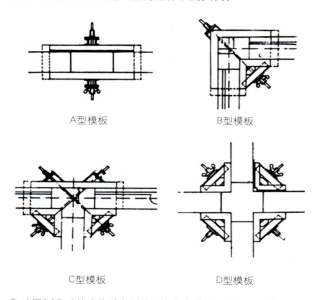

5.法国SGE-C构造体系实例的现浇节点模板示意图:这是一种预制大板体系,适用于7层以下的住宅建筑。楼板为预制条形板;跨度4800以下采用160厚实心板,跨度4800以上采用预应力空心板。内外墙板统一规格,为实心板或多孔板,外墙做外保温加抹灰或混凝土装饰板,墙板之间的连接节点可预制、可现浇,墙板与楼板之间的连接节点可焊接或者现浇,楼板与楼板之间预留槽灌浆。

构造体系的不同体系间相对封闭,造成生产规模较小,在政府提供优惠政策的情况下仅占市场的2.5%。1982年,法国政府对这些问题进行了反思。

反思一是:主体工程占住宅总造价的50%,在这50%里面,预制混凝土构件仅占到20%。构件的生产效率提高10%,总造价也只能降低2%。所以把提高生产率的希望仅仅寄于预制构件的生产方面是片面的。随后政府调整策略,强调产业链上的所有企业、所有环节,从生产到运输,从施工到安装等等,都要提高效率,革新技术。

反思二是:从样板住宅到新样板住宅、从模数协调到构造体系,由政府来推广某种技术体系是不合适的。政府的职能应该是去确定一个所要达到的目标,而究竟应该如何去达到这个目标,则应该由企业自己去想办法,不应该由政府强制推广使用某种技术体系。

所以,1982年法国政府制定了一个"居住88"计划:到1988年,全国应该有20000套样板住宅,其成本要比1982年降低25%,并且质量不能降低。政府提出了这样的目标,而具体用什么样的技术,则由企业自己解决。

美国的工业化住宅起源于20世纪30年代。当时它是汽车拖车式的,用于野营的汽车房屋。但是在40年代,也就是二战期间,野营的人数减少了,所以旅行车被固定下来,作为临时的住宅。二战结束以后,政府担心拖车造成贫民窟,不许再用其来做住宅。

20世纪50年代后,人口大幅增长,军人复员,移民涌入,同时军队和建筑施工队也急需简易住宅,美国出现了严重的住房短缺。这种情况下,许多业主又开始购买旅行拖车作为住宅使用。于是政府又放宽了政策,允许使用汽车房屋。同时受它的启发,一些住宅生产厂家也开始生产外观更像传统住宅,但是可以用大型的汽车拉到各个地方直接安装的工业化住宅。可以说,汽车房屋是美国工业化住宅的一个雏形。

6.美国早年的汽车房屋

70年代以后,人们对住宅的要求更高了:要求面积更大,功能更全,外形更美观。1976年,美国国会通过了国家工业化住宅建造及安全法案,(National Manufactured

Housing Construction and Safety Act),同年开始由HUD负责出台一系列严格的行业规范标准,一直沿用到今天。除了注重质量,现在的工业化住宅更加注重提升美观、舒适性及个性化,许多工业化住宅的外观与非工业化住宅外观差别无几。新的技术不断出台,节能方面也是新的关注点。这说明,美国的工业化住宅经历了从追求数量到追求质量的阶段性转变。

我们来看一下它的一个统计数据。美国1997年新建住宅147.6万套,其中工业化住宅113万套,均为低层住宅,其中主要为木结构,数量为99万套,其他的为钢结构。这取决于他们传统的居住习惯。

据美国工业化住宅协会统计,2001年,美国的工业化住宅已经达到了1000万套,占美国住宅总量的7%,为2200万的美国人解决了居住问题。

2007年,美国的工业化住宅总值达到118亿美元。现在在美国,每16个人中就有1个人居住的是工业化住宅。

在美国,工业化住宅已成为非政府补贴的经济适用房的主要形式——因为其成本还不到非工业化住宅的一半。在低收入人群、无福利的购房者中,工业化住宅是住房的主要来源之一。

据统计,美国70%的工业化住宅建造在私有房主的土地上,另外的30%是建在租用地或是他人(包括亲戚朋友)的土地上。

美国为了促进工业化住宅的发展,出台了很多法律和一些产业政策,最主要的就是我们刚才提到过的HUD技术标准。

HUD是美国联邦政府住房和城市发展部的简称,它颁布了美国工业化住宅建设和安全标准(National Manufactured Housing Construction and Safety Standards),简称HUD标准。它是唯一的国家级建设标准,对设计、施工、强度和持久性、耐火、通风、抗风、节能和质量进行了规范。HUD标准中的国家工业化住宅建设和安全标准还对所有工业化住宅的采暖、制冷、空调、热能、电能、管道系统进行了规范。

1976年后,所有工业化住宅都必须符合联邦工业化住宅建设和安全标准。只有达到HUD标准并拥有独立的第三方检查机构出具的证明,工业化住宅才能出售。现在,HUD又颁发了联邦工业化住宅安装标准(HUD Proposed Federal Model Manufactured Home Installation Standards),它是全美所有新建HUD标准的工业化住宅进行初始安装的最低标准,提议的条款将用于审核所有生产商的安装手册和州立安装标准。对于没有颁布任何安装标准的州,该条款将成为强制执行的联邦安装标准。

由此可见,政策和标准是推动工业化住宅发展的关键性条件。

作者单位:万科集团建筑研究中心

从需求出发的景观设计
——包头保利香槟花园景观设计浅析
Landscape Design Based on Demands
Landscape Design of Champagne Garden by Poly Group in Baotou City

刘 岳 *Liu Yue*

1. 包头保利香槟花园鸟瞰图
2. 包头保利香槟花园波尔卡商业街

一、项目概述

"香槟花园"是保利地产开发的系列性品牌楼盘，在广州北京等地先后开发销售，并取得了不俗的商业价值及业内外口碑。"香槟系列"已成为保利地产高品质住宅的标签！

包头保利香槟花园总用地面积约为19.8万m²，园林设计面积约为12万m²，绿地率约37.5%。项目处于城市中轴线上，毗邻包头市高新区，距城市中心商业圈仅3km。周边有完善的文化教育、酒店办公、商业购物、休闲娱乐场所、社会服务等配套设施。

作为"香槟系列"品牌的延续，该项目在保持香槟花园一贯的法式特色基础上，建筑通过错落开放的形式呈现出更加灵活多变的特色，景观在细腻精致的基础上更加突出和谐大气的法式园艺特征，周边环境及配套设施也将不断完善。这将促使包头保利香槟花园逐步成为昆青城区的示范楼盘，并带动包头房地产市场更加积极蓬勃地向前发展！

二、景观设计初衷

在进行地产楼盘的景观设计之前，我们要明确三方面群体在项目当中所发挥的不同作用和价值取向需求，这样更有利于我们深入细致地分析把握项目的性质，并最终达到较为完善统一的效果。

1. 开发商

地产景观设计本身并不能创造直接商业价值，而是间接地通过对楼盘景观环境的营造来作为楼盘销售的依托和推动力。因此开发商对高档社区景观的投资建设是为了最大限度地提升社区的综合品质，从而提升楼盘本身的品牌价值和商业价值。

2. 消费者

消费者是地产开发的核心环节和根本动力，并扮演着社会价值的广泛认可和商业价值的综合体现这一双重角色。随着生活质量的不断提升，购买者不单关注住房本身的质量，良好的社区景观环境和配套服务建设日益成为推动其消费的重要因素和强劲动力。

3. 设计师

对于楼盘开发的重要环节——景观设计，设计师已不再是简单地将绿化与美化的概念加以贯穿。在这个过程中，如何更好地实现开发商的商业价值和消费者的使用价值，更加直接地摆在了设计者的面前。

设计师需要将开发商的景观建设投资合理有效地进行分配，从而创造出定位准确的住宅品牌，实现商业价值。同时，满足公众消费需求，做到"物有所值"、"物超所值"，从而推动景观市场及人居环境健康良性地发展！

三、景观设计

包头保利香槟花园具有自身的楼盘特色和高档次的楼盘定位。以"香槟礼遇，浪漫至尊"作为贯穿设计的概念主题，将整个楼盘景观的结构归纳成一带（波尔卡商业街）、三轴（香槟大道-绿色走廊-协和广场）和四心（柏悦园-凯歌庭-库克郡-酪悦荟）。

1. 一带——波尔卡商业街

波尔卡商业街延续了广州香槟商业街的案名，实现住宅部分与商业部分在形象和营销方面的顺畅衔接。

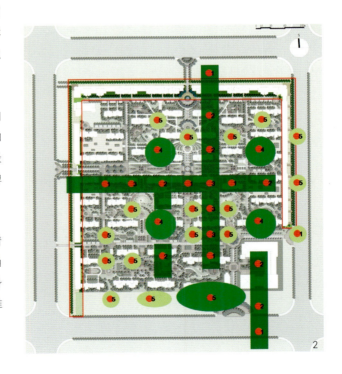

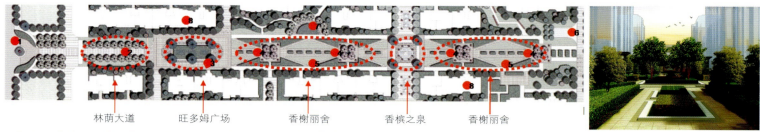

3.香槟大道景观规划(①小区入口 ②林荫大道 ③疏林草地 ④树阵广场 ⑤齐整绿篱 ⑥地库入口 ⑦游憩空间 ⑧小区建筑)

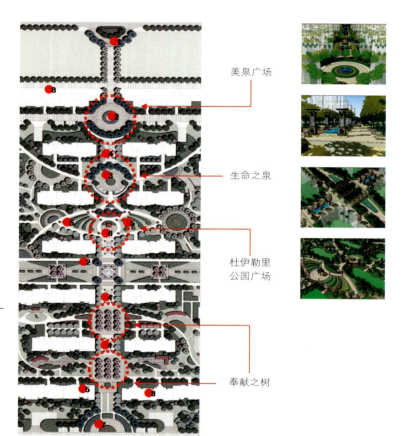

4.绿色走廊景观规划(①小区入口 ②喷泉环岛 ③叠水广场 ④涌泉水池 ⑤模纹种植 ⑥休闲景亭 ⑦种植广场 ⑧小区建筑)

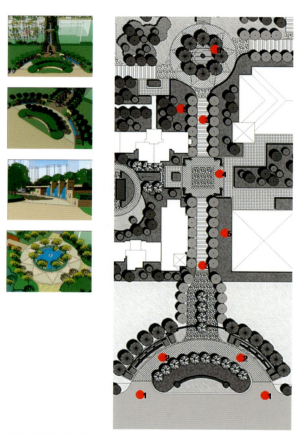

5.协和广场景观规划(①小区入口 ②叠水广场 ③林荫大道 ④铺装广场 ⑤修剪灌木 ⑥喷泉环岛)

2.三轴——香槟大道、绿色走廊、协和广场

"香槟大道"主题轴线以理性的认识作为设计出发点,通过对建筑规划、营销策划及人文环境的多方面了解与分析,以法国著名的旺多姆广场和香榭丽舍大道作为人文背景,用城市性生态景观的概念加以表现,从而创造出开放大气规整的景观空间形态,作为对内、对外的重要交流窗口及形象展示窗口。

"绿色走廊"主题轴线则以感性的认识作为设计出发点,通过对现场环境、周边环境及生态环境的多方面分析与了解,以法国的杜伊勒里公园和枫丹白露宫作为自然背景,对田园性生态景观的概念加以诠释,从而创造出自然质朴、清新宁静的景观空间形态。

以"协和广场"名字命名的南入口区域是该社区的主要出入口。协和广场是法国巴黎市最著名的广场之一,它连接着香榭丽舍大道和凯旋门等重要的旅游景点及文化中心,具有重要的历史文化价值和核心形象地位。以此案名来诠释该社区的主入口区域,十分吻合社区的公共文化定位和品牌价值定位。

3.四心——柏悦园、凯歌庭、库克郡、酪悦荟

配合楼盘的四期开发进度,我们将其内部分成了不同的主题空间,并运用适当的景观元素加以表现。

"柏悦园"作为开盘的样板街区,以"鹿城有了香槟的味道"作为主题,突出香槟文化的品牌地位,结合场地活动、游园观赏及品牌宣传等方式,实现开盘的热销,并推动整盘由南向北推进开发。

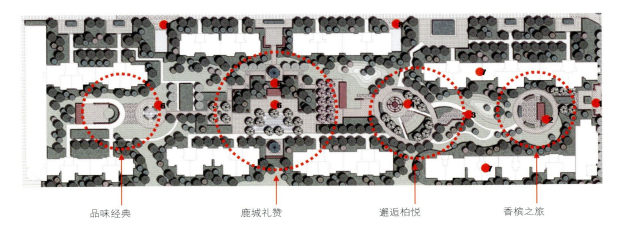

| 品味经典 | 鹿城礼赞 | 邂逅柏悦 | 香槟之旅 |

6. "柏悦园"景观规划图（①分区入口 ②展示长廊 ③文化走廊 ④集会广场 ⑤休闲长廊 ⑥观赏水景 ⑦小区建筑 ⑧地库入口）

7. "柏悦园"——'鹿城礼赞'剖面图
8. "柏悦园"——'邂逅柏悦'剖面图
9. "柏悦园"——'邂逅柏悦'手绘图
10. "柏悦园"——'鹿城礼赞'手绘图

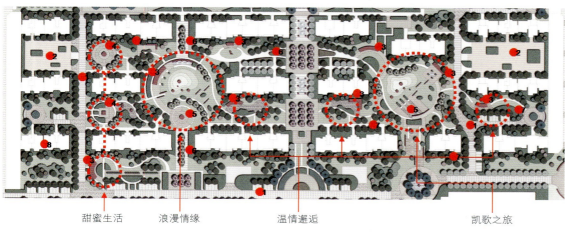

甜蜜生活　浪漫情缘　温情邂逅　凯歌之旅

11."凯歌庭"景观规划图(①社区环路 ②立体车库 ③休闲廊架 ④绿化凉亭 ⑤铺装广场 ⑥行列种植 ⑦修剪灌木 ⑧小区建筑)

12."凯歌庭"——'浪漫情缘'手绘图

13."凯歌庭"——'凯歌之旅'手绘图

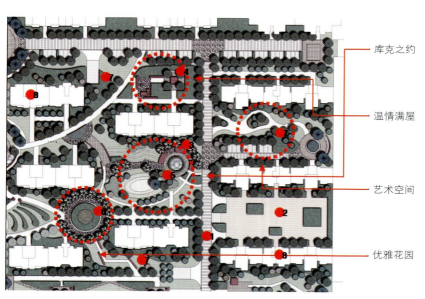

库克之约

温情满屋

艺术空间

优雅花园

14."库克郡"景观规划图(①社区环路 ②立体车库 ③休闲廊架 ④绿化凉亭 ⑤喷泉广场 ⑥绿篱广场 ⑦修剪灌木 ⑧小区建筑)

15."库克郡"——'库克之约'手绘图

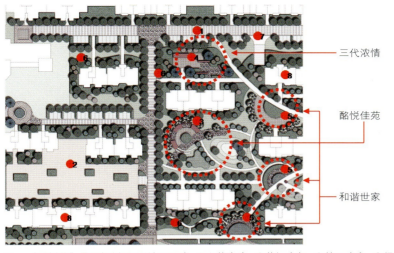

16. "酩悦荟"景观规划图（①社区环路 ②立体车库 ③休闲廊架 ④林下凉亭 ⑤绿化广场 ⑥修剪灌木 ⑦地库入口 ⑧小区建筑）

17. "酩悦荟"——"酩悦佳苑"手绘图

"凯歌庭"，突出香槟文化的浪漫情怀。通过小品、长廊等组成精致细腻的休闲空间，体现优雅的品味。

"库克郡"，突出香槟文化的高贵气质。通过人工化的雕琢搭配及植物的个性搭配体现出园景的优雅内涵。

"酩悦荟"在项目收官之际，促成营销的高潮。突出香槟文化的和谐传承。景观以法式私家后花园式的营造和不同主题植物广场的塑造强调沟通理解，突出传承和谐的特色。

四、种植设计

当下，环保生态主题已经贯穿渗透到人们生活的每个细节。

包头保利香槟花园的植物景观设计在美学的基础上更加注重生态效应和实用性，形成了高、中、低搭配，乔、灌、草结合的复合型生态植物群落。园区边界林带选用高大、减噪、抗污染的园林树种，同时注意同周边城市植物群落的协调。内部景观根据不同的场地需求及观赏需求进行个性化的设计搭配，形成主题明确、特征鲜明的景观空间。同时，特别强调北方植物的特色，突出了种植的色彩、季相的变化及四季的均衡，从而增添了生活的情趣，提升了社区景观的综合品质。

五、铺装设计

铺装为整体空间的塑造提供了直观的色彩个性和肌理质感。公共空间部分的铺装以灰色或浅暖色为主，多选用石材（大理石、花岗石等），突出社区生活的品质感和空间氛围的气质；户外广场及活动空间的铺装材料以暖色调为主（砖、石材等），强调居家环境的归属感，突出生活的气息；其他小径漫步空间则以肌理质感自然纯朴的材质为主（青石板、卵石等），将细节的品质感延伸至社区的每个角落。

六、照明设计

居住环境的景观照明设计不仅具有很强的使用功能，而且在整体环境氛围的营造中起到了非常重要的作用。根据照度高低及空间需求的不同，照明可分为三个等级。一级照明为保利香槟花园提供了充足的公共道路景观空间照明，保证交通空间视线的畅通无阻（主要选择灯型为景观灯柱和庭院道路灯）；二级照明主要为内部居民提供必要的步行照明系统，保证楼与楼之间、场地与场地之间以及步行空间与公共交通空间之间的明确空间界定与贯通性（主要选择灯型为装饰灯柱和庭院道路灯）；三级照明的种类丰富，灯具样式多样，在公共活动空间、水下空间及装饰小品中广泛使用，突出空间的主题个性，营造出多变的景观光环境（主要选择灯型为草坪灯、水下灯、照树灯、照墙灯、台阶灯、地埋装饰灯）。

七、配套设施

对于高档次的人居环境，除了要有高品质的景观空间环境，同时也应有完善的配套公共设施。配套公共设施部分包含的范围比较广泛，例如公共座椅、标识小品、环卫设施等。本项目为营造一个上乘品质的社区，更加重视这些细节的刻画与表现。既注重设施的使用功能，同时也根据风格需求加以艺术化的处理，使其具有相当的观赏性和品位感，让不论是小区居民还是来访者都能充分地享受其中；让"香槟花园"所创造的优良品质成为一种时尚，同时，也让"香槟花园"所带来的生活深入人心！

作者单位：北京擅亿景城市建筑景观设计事务所

高空坠物与建筑设计

Falling Articles and Housing Design

马伟国 黄宗辉 Ma Weiguo and Huang Zonghui

[摘要]近年来,随着高层住宅的发展,高空坠物的问题日益严重。目前国内对高空坠物的安全问题多从社会学、法学、管理学等学科层面进行研究,但相关的建筑设计研究却寥寥无几。笔者希望从建筑设计的角度分析导致高空坠物伤人的主要建筑设计因素,并针对这些因素提出改进意见,同时对现行建筑规范中涉及到这些建筑因素的内容提出修改建议。

[关键词]高空坠物、安全、规范、建筑设计

Abstract: With the development of high-rise housing in recent years, the problem of falling article is becoming prominent. Presently, there are studies on this issue from the angles of sociology, law, management, but the perspective of housing design is almost absent. The author analyzes the matter of falling articles with housing design knowledge, and puts forward precautious suggestions. Furthermore, it recommends that related items in current building codes and regulations be modified.

Keywords: falling articles, safety, regulation, housing design

引言

随着城市密度的增加,建筑高度的不断上升,近年来"高空坠物"现象有愈演愈烈的趋势,已经成为一种恶性的"城市病"。

根据其对人造成的影响分类,高空坠物可分为伤人和不伤人两类。据统计,坠物伤人事件多与居住建筑有关。本研究主要涉及的就是坠物伤人与建筑设计的关系研究。

一、高空坠物的定义

经过大量文献阅读和研究后,综合得出以下定义:高空坠物指人类生活区范围内因自然或人为因素从一定高度掉落的各类物体,可能对人生命财产和物质财产造成不同程度伤害的行为。

二、高空坠物伤人原因调查

通过对发生过高空坠物伤人事件的建筑以及一些大型住宅区的分析,笔者发现,从建筑设计的角度导致高空坠物伤人的原因有二,即建筑本身的问题和设计规范的不完善。

1. 建筑本身的问题

(1)建筑外皮脱落,诸如瓷砖、陶瓷锦砖等可能砸伤路人。

(2)阳台局部设计不合理,如栏杆设计成平且宽的面状,居民就会摆放花盆杂物等在上面,有坠落可能。

(3)步行空间与建筑的距离不足,行人被坠物砸伤的可能性较大;居民聚集在毗邻建筑的休闲场所,被高空坠物伤害的几率也高。

(4)建筑出入口的雨篷出挑极其有限,或无雨篷,不能有效防止坠物伤人。此外,停车位布局不合理也可能造成人车两伤。

2. 设计规范的不完善

由表1可以看出,现行的各类建筑设计规范对防止人体从空中坠落都有较详细的规定,而对防止物体从空中坠

国内现行的各种建筑设计规范　　　表1

规范名称	相关规定
《住宅建筑设计规范》 GB50096—99	4.1.3 "楼梯栏杆垂直杆件间净空不应大于0.11m"；
	4.1.5 "当楼梯井净宽大于0.11m时必须采取防止儿童攀滑的措施"；
	4.2.1 外廊、内天井及上人屋面等临空处栏杆净高低层、多层住宅不应低于1.05m，中高层、高层住宅不应低于1.10m；栏杆设计应防止儿童攀登，垂直栏杆间净空不应大于0.11m；
	4.2.3 "住宅的公共出入口位于阳台、外廊及开敞楼梯平台的下部时，应采取设置雨罩等防止物体坠落伤人的安全措施"；
《托儿所、幼儿园建筑设计规范》 JCJ36—87	3.6.5 "楼梯栏杆垂直线饰间的净距不应大于0.11m。栏杆不应采用易于攀登的花格。当楼梯井净宽大于0.20m时，必须采取安全措施"；
《中小学建筑设计规范》 CBJ99—86	6.2.3 "外廊（或栏板）的高度不应低于1.10m。当楼梯井净宽大于0.20m时，必须采取安全措施"；
	6.3.4 "楼梯井的宽度不应大于200mm，当超过200mm时，必须采取安全措施"；
	3.6.5 "室内楼梯栏杆（或栏板）的高度不应低于900mm。室外楼梯及水平栏杆（或栏板）的高度不应小于1100mm。楼梯不应采用易于攀登的花格栏杆"；
《民用建筑设计通则》	4.2.1 建筑物及附属设施不得突出道路红线和用地红线建造，不得突出的建筑突出物为：——地上建筑物及附属设施，包括门廊、连廊、阳台、坡道、花池、围墙、平台等等；
	4.2.2 经当地城市规划行政主管部门批准，允许突出道路红线的建筑突出物应符合下列规定：1.在有人行道的路面上空：1）2.50m以上允许突出建筑构件：凸窗、窗扇、窗罩、空调机位，突出的深度不应大于0.50m；2）2.50m以上允许突出活动遮阳，突出宽度不应大于人行道宽度减1m，并不应大于3m；3）3m以上允许突出雨篷、挑檐，突出的深度不应大于2m；4）5m以上允许突出雨篷、挑檐，突出的深度不应大于3m；
	6.6.3 阳台、外廊、室内回廊、内天井、上人屋面及室外楼梯等临空处设置防护栏杆，并符合下列规定：1.栏杆应以坚固、耐久的材料制作，并能承受荷载规范规定的水平荷载；2.临空高度在24m以下时，栏杆高度不应低于1.05m，临空高度在24m及24m以上（包括中高层住宅）时，栏杆高度不应低于1.10m；注：栏杆高度应从楼地面或屋面至栏杆扶手顶面垂直高度计算，如底部有宽度大于或等于0.22m，且高度低于或等于0.45m的可踏部位，应从可踏部位顶面起计算。3.栏杆离楼面或屋面0.10m高度内不宜留空；4.住宅、托儿所、幼儿园、中小学及少年儿童专用活动场所的栏杆必须采用防止少年儿童攀登的构造，当采用垂直杆件做栏杆时，其杆件净距不应大于0.11m；

落以及防止坠物伤人极少涉及。

《住宅建筑设计规范》里的4.2.3虽然提到"住宅的公共出入口位于阳台、外廊及开敞楼梯平台的下部时，应采取设置雨罩等防止物体坠落伤人的安全措施"，但其对雨罩的材料、尺寸、样式等关键因素未作必要的限定。《民用建筑通则》4.2.2只对突出物的长度有上限要求，却没有下限要求，也不合理。

三、设计研究

根据前面的分析，笔者认为要在建筑设计中防止高空坠物伤人，可以从以下两方面提出改进建议：

1.减少坠物的设计

（1）阳台：超高层住宅的阳台应做全封闭设计以防止大风的破坏。

（2）窗户：现行的建筑规范对窗户有专门规范，比如对推拉窗要求有一定的抗风压的能力，对平推窗的结构也有很深的考虑，另外七层以上都要求用钢化玻璃。虽然如此，但是建筑施工的质量却是无法查看的，因为工程验收时不可能会严格到此；加上使用过程中的老化和外力（风等）因素，窗户还是存在着较大的坠落隐患。建议建筑设计能有一些防止窗户坠落伤人的措施。

（3）建筑表皮：常见的瓷砖或陶瓷锦砖等材料由于自身的和施工的缺陷，日晒雨淋后可能会有脱落现象，建议在高层建筑中要慎用这类材料。改用涂料或其他防脱防坠材料。

（4）挡脚板：《建筑施工手册》中规定：作业层距地（楼）面高度≥2.5m时，在其外侧边缘必须设置挡护高度

≥1.1m的挡板和挡脚板，且栏杆间的净空高度应≤0.5m。在建筑设计时，也应适当考虑挡脚板的设置。

2.防止伤人的设计

(1)高空坠物的安全防护距离

只要在物体坠落的范围内不让人进入或者避免其与人体接触，就可以极大地避免坠落物体对人的伤害。实验表明，对于17层以下的高层建筑，3m的安全防护距离是合理的；对于7层以下的多层建筑，需要1.5m的防护距离。

(2)防止坠物伤人的措施

出入口：出入口位置的选择要适宜，建筑出入口上方有窗户及阳台的，应有顶棚使坠物不会直接伤人。顶棚应有一定的安全跨度，顶棚的材料应具有一定的安全性。

隔离带：建筑外围应设置防护隔离带；车库天窗下应划定防护的范围，防止坠物伤人和损坏物品。

沿街建筑防护措施：沿街建筑适当后退，采用裙房、骑楼等，也可有效防止坠物伤人。

(3)材料选择

常见的材料主要有以下几种：普通平板玻璃、篷布、阳光板、玻璃、钢材和水泥板。普通平板玻璃、篷布抗冲击力小、强度低，一旦受到较大外力就容易破碎或撕裂，容易对人体造成伤害；而特殊处理的玻璃、钢、水泥板等均能防止一般情况下的高空坠物伤害。因此雨棚材料应适当考虑其防护效果。

(4)设置形式

隔离带
隔离带的宽度应满足建筑高空坠物的安全防护距离。

底层挑板式
该种形式雨篷的宽度相对较大才能满足高空坠物的安全防护距离

多重挑板式
该种形式的雨篷宽度相对较小，但对建筑外观影响较大，同时也增加了建筑的清洁工作。

四、对现行建筑设计规范的修改建议

1.建议修改的规范条文

(1)《民用建筑设计通则》6.6.3第3点

原文："栏杆离楼面或屋面0.1m高度内不宜留空"；

建议修改为强制性规范："栏杆离楼面或屋面0.1m高度内不得留空"。

(2)《城市居住区规划设计规范》表8.0.5

原文："道路边缘至建、构筑物最小距离，当建筑为高层时，距离组团路及宅间小路为2.0m"；

建议修改为："道路边缘至建、构筑物最小距离，当建筑为高层时，距离组团路及宅间小路为3.0m"。

2.建议补充的规范条文

(1)《民用建筑设计通则》4.2.2里"在有人行道的路面上空：

a.2.50m以上允许突出活动遮阳，突出宽度不应大于人行道宽度减1m，并不应大于3m；

b.3m以上允许突出雨篷、挑檐，突出的深度不应大于2m；

c.5m以上允许突出雨篷、挑檐，突出的深度不宜大于3m。"

建议补充为："在有人行道的路面上空：

a.2.50m以上必须设x米以上长度(x根据相关计算得到)的突出活动遮阳(要有足够强度)，同时突出宽度不应大于人行道宽度减1m，并不应大于3m；

b.3m以上必须设x米以上长度(x根据相关计算得到)的雨篷、挑篷(要有足够强度)，同时突出的深度不应大于2m；

c.5m以上必须设x米以上长度(x根据相关计算得到)的雨篷、挑篷(要有足够强度)，同时突出的深度不宜大于3m。"

(2)《住宅建筑设计规范》第4.2.3条

原文："住宅的公共出入口位于阳台、外廊及开敞楼梯平台的下部时，应采取设置雨罩等防止物体坠落伤人的安全措施"。

建议补充为："住宅的公共出入口位于阳台、外廊及开敞楼梯平台的下部时，应采取设置雨罩等防止物体坠落伤人的安全措施；其中雨罩的尺寸和材料等应该符合相关规范"。

3.建议增加的规范条文

(1)建筑的外饰面材料宜使用轻薄型的材料，如涂料、喷涂等；对一些厚重型的，如瓷砖、陶瓷锦砖、花岗岩、大理石、玻璃幕墙等有脱落或剥落隐患的材料，须采用一定的有效措施防止坠物。

(2)底层架空的建筑物，除主出入口外，其他可能有人通行的地方均应设有效地阻隔人进入安全隔离带的措施；不可避免行人通行的地方，应设有效地防止坠物伤人的措施。

结语

本文从建筑设计的角度对防止高空坠物伤人进行了一些探讨。事实上，防止高空坠物伤人很大程度上依赖于人们意识的提高。只有当规划师、建筑师有意识地考虑防止坠物伤人的种种措施，使用者提高自身素质，管理者有意识地进行坠物隐患的定期检查，高空坠物伤人的事件才能得到有效遏制。

*指导老师：陈燕萍

参考文献

[1]李晨．城市住宅高空坠物的建筑设计原因分析．城市问题，2005(6)

[2]李晨．城市居住环境下住户高空抛物行为调查．城市问题，2007(11)

[3]王芬芬．对高空抛物坠物的思考．现代物业，2006(12)

[4]夏婕妤，黄晓虹．小心高空坠物易伤人．温州日报，2005.6.22.第003版

[5]《建筑施工手册》编写组．建筑施工手册(第二版缩印本)，1992.3

[6]《建筑施工手册》编写组．建筑施工手册(第四版)，2003.3

作者单位：深圳大学建筑与城规学院